Contents

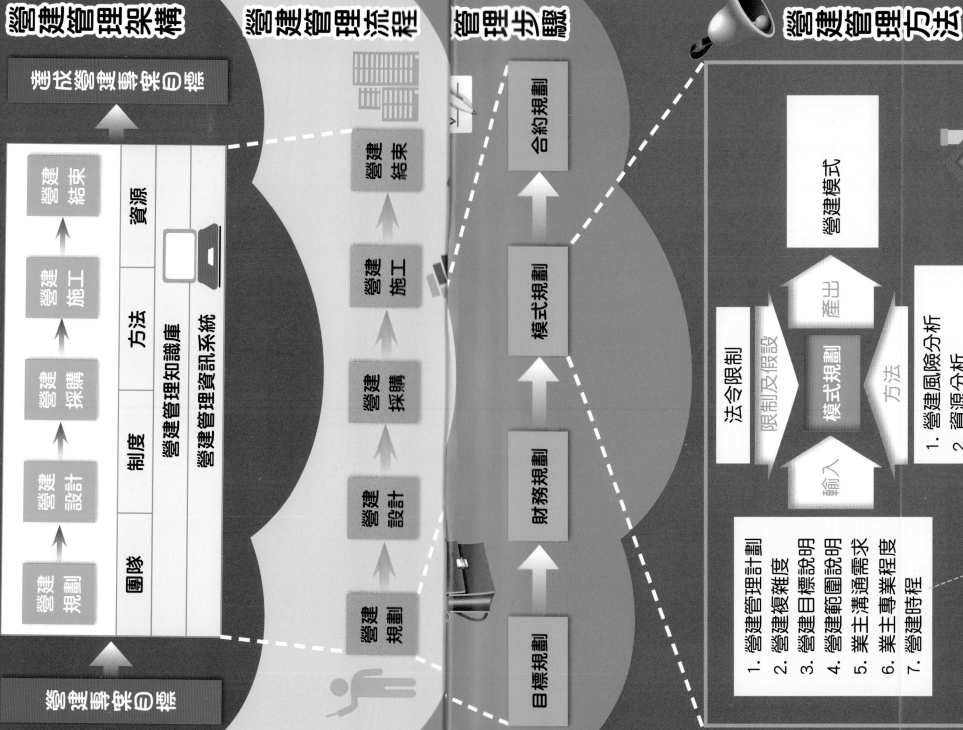

營建專案營建層級模式

Part 1

營建專案管理知識體系

Construction Project Management
Body of Knowledge

Chapter 1

營建概念

　　營建產業可以分為兩大主要類別：一般建築營建 (general construction) 及 (2) 土木營建 (civil construction)。一般建築營建通常由建築師設計，再由營造公司施工。建築種類包括有：(a) 住宅 (residential building)：如各行各業的單身及家庭式公寓和樓房；(b) 商業建築 (commercial building)：如市場、購物中心、辦公大樓、倉庫等；(c) 公共建築 (institutional building)：如醫院、學校、娛樂中心、體育場、政府大樓及宗教建築等；及 (d) 工業廠房 (industrial building)：如發電廠、石化廠、汽車廠等。

　　工程營建建築通常由工程師設計，再委由營造公司施工。主要包括：(1) 公路：如開挖、路堤、路面、橋樑、排水系統、路燈及標誌等；及 (2) 重大建設：如水庫、隧道、自來水管路、堤防、污水下水道、淨水廠、鐵路、捷運系統、機場、輸電系統等等。重大建設的營建是公共基礎建設，通常強調功能性而不是外表的美觀。圖 1.1 為營建管理的示意圖，其中橫座標是營建的總期程，縱座標是營建的工程困難度，營建工程的困難度是指技術、天候或施工環境的艱難程度，它不但會影響施工的時間，也會增加營建管理的複雜度。如何克服工程困難，有效發揮整合及技術能力，順利達成營建的目標是營建管理的主要目的。以下說明幾個和營建管理有關的名詞：

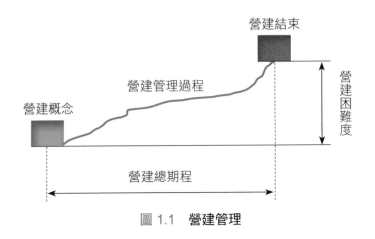

圖 1.1　營建管理

營建專案管理 (Construction Project Management)	從營建概念到營建完成，以專業的管理技術協助營建專案的規劃、設計和建造，以控制專案的成本、時間和品質。
業主 (Owner)	為了某個企業或個人目標，提供資金來達成營建需求的組織或個人。
設計師 (Designer)	執行營建設計和訂定營建規範的專業組織或個人，它可以是建築師 (architect)、工程師 (engineer)，或是兩者的綜合。
營造廠 (Constructer)	提供專業的工程營造技術，協助業主進行營建工程建造的組織。
承包商 (Contractor)	和業主簽訂合約，負責將營建設計方案建造成實體建物的組織或營造商。
下包商 (Sub-Constractor)	和承包商簽訂合約，協助承包商執行某部份營建工作的組織。

1.1 營建專案生命週期

營建專案生命週期是指從業主決定營建開始，經過營建規劃及設計，營建發包、營建施工，一直到營建驗收通過，移交完成的整個過程。圖 1.2 為營建生命週期的示意圖，圖中橫座標是時間，縱座標是營建完成的百分比。

業主在營建規劃階段必須確定營建的目標，然後根據營建目標進行整體營建專案的財務規劃，接著決定採用哪一種營建模式 (delivery system)，例如「設計－發包－施工」(design-bid-build)、「設計－施工」(design-build) 或是「施工－營運－移轉」(build-operate-transfer) 等等。最後選擇最適當的合約型式，包括總價合約、實價合約及單價合約。第二階段是營建設計，主要工作是根據營建目標，進行必要的營建初步及細部設計。第三階段是進行營建的採購及選擇最適當的包商。第四階段是營建施工，工作項目包括施工前的保險、施工執照取

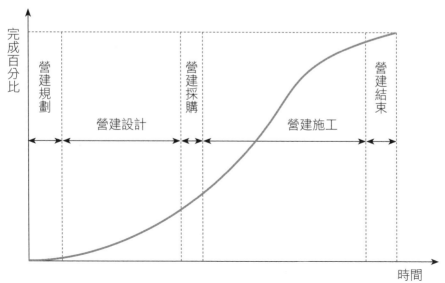

圖 1.2　營建專案生命週期

得、假設工程搭建等,以及施工過程的管理及監控等。最後一個階段是營建結束,主要任務是進行營建成果的檢驗、核可及移交。

營建規劃	規劃營建專案的目標、財務、執行方式以及合約型式的階段。
營建設計	根據營建目標由建築師或工程師進行建築物設計的階段。
營建採購	設計完成進行營建工程招標採購的階段。
營建施工	招標完成由營造包商進行建築物施工的階段,也是營建專案當中最花時間的階段。
營建結束	建築物完成業主進行驗收的階段。

1.2 營建管理與專案管理

　　本知識體系主要是從營建專業的角度來說明營建專案管理的五大階段,如果將每個階段裡的執行步驟,依照專案的發起、規劃、執行、控制和結束來分類的話,可以得到一個矩陣如表 1.1 所示。這個表可以將營建管理和專案管理做一個清楚的連結,對專案管理的應用在營建工程上有很大的幫助。表 1.1 為營建管理與專案管理的關係。

表 1.1　營建管理與專案管理的關係

		專案管理				
		發起	規劃	執行	控制	結束
營建管理	營建規劃		目標規劃 財務規劃 模式規劃 合約規劃			
	營建設計			初步設計 細部設計 採購文件		
	營建採購		採購規劃	工程採購 決標		
	營建施工		安全規劃 環境規劃 索賠辨識 索賠量化	施工準備 安全計劃執行 工程施工 資源管理 文件管理 環境保證 索賠預防 索賠解決	績效監控 財務控制 環境控制	
	營建結束				營建驗收	營建移交 安全記錄 財務記錄

　　由表中可以發現，營建規劃階段的四大步驟全部落在專案規劃階段；營建設計階段的三大步驟，則全部落在專案執行階段；營建採購有一個步驟屬於專案規劃階段，有二個步驟屬於專案執行階段。營建施工有四個步驟在專案規劃階段，有八個步驟在專案執行階段，有三個步驟在專案控制階段，營建結束階段則分別有一個和三個落在專案控制和專案結束階段。

營建管理架構

　　一般的營建管理大多依賴個人的經驗，沒有一套完整的管理流程和管理制度，有些時候或許應用了一些管理手法，但是通常只是個別技術的應用而已，例如進度排程，而沒有一套完整結合專案管理內涵的營建專案管理方法論。這樣的營建管理模式，或許可以滿足過去區域競爭的需求，但是絕對無法應付目前全球競爭的時代，因為重大的營建工程通常都會邀請國際廠商投標，唯有完備的營建管理模式，才能在眾多國際競爭者當中脫穎而出。特別是營建專案的投資金融龐大、社會能見度高、而且多數又會牽涉到公共安全，不夠嚴謹的營建管理方法，會大幅提高工程專案的時程延宕、成本超支、品質不良以及公安事件發生的機率。

　　此外，因為營建專案幾乎都需要好幾個不同包商的協同運作，如果沒有一套完整的營建管理架構，來整合所有參與人員的思維和行為模式，營建過程就很容易淪為解決溝通協調問題，而不能發揮整體營建團隊的力量。圖 2.1 為營建專案管理 (construction project management) 的管理架構。圖中左邊是營建專案的目標，圖的中間部份上半部是營建專案管理的流程，包括營建規劃 (construction planning)、營建設計 (construction design)、營建採購 (construction procurement)、營建施工 (construction) 和營建結束 (construction

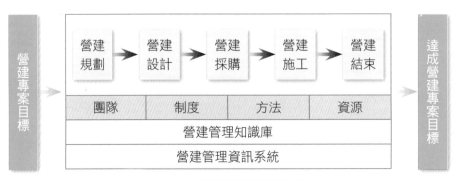

圖 2.1　營建專案管理架構

closeout) 五大階段，這個流程可以引導營建步驟的展開和進行。

　　圖的中間部份下半部是廠商要做好營建管理必須要有的基礎架構 (infrastructure)。首先廠商要有訓練有素、合作無間的營建施工和管理團隊，而且所有成員必須具備營建管理的知識、能力和經驗。其次是廠商必須要有一套完整的營建專案管理制度 (construction project management system)，以做為營建團隊的行為依據，並確保營建過程進行的井然有序。再來是廠商必須要有適當的營建管理手法和工具，以便成員能夠藉以完成責任和達成使命。

　　最後一項是廠商要投入適當的營建管理資源，才能期望營建管理團隊順利達成營建的目標。這四項的下方是營建管理的知識庫和管理資訊系統。營建管理知識庫可以保留和累積營建過程的經驗、教訓和最佳實務 (best practice)，是企業最寶貴和不可或缺的資產。營建管理資訊系統則是可以促進營建資訊的流通和提高營建管理的效率。如果企業具備了嚴謹的營建管理架構、流程和完整的基礎架構，就可以形成優於對手的營建管理文化 (corporate culture)，那麼圓滿達成圖 2.1 右邊的營建專案目標，就會是必然的結果。

營建專案目標	由業主指定給營建團隊的營建目標。
達成營建專案目標	營建成果符合客戶需求,而且所有關係人都滿意營建團隊的表現。
營建規劃	在營建設計之前,進行營建目標確立、營建財務規劃、營建模式選擇和營建合約規劃的過程。
營建設計	根據業主的營建目標,進行建築物的初步設計和細部設計,以及後續工程採購時所需要的相關文件。
營建採購	營建設計完成之後,準備投標邀請、撰寫合約草案、公開招標、舉辦說明會、取得報價和建議書,然後評選廠商的過程。
營建施工	得標廠商正式進行工程施工,營建管理人員規劃和處理安全、評估環境、辨識和量化索賠,以及施工期間的績效監控、資源和文件管理、環境保證和控制、索賠預防和解決以及財務控制等等的過程。
營建結束	營建工程完成進行檢驗、移交和記錄留存的過程。
團隊	所有參與營建施工和營建管理的人員。
制度	執行營建專案所需要的管理組織和管理流程。
方法	執行營建施工和管理活動可以使用的方法和工具。
資源	完成營建施工及管理活動所需要的人力、資金、材料、設備等等。

營建管理知識庫	可以儲存營建專案管理最佳實務的電腦化管理系統。
營建管理資訊系統	可以進行跨地域溝通的電腦化資訊系統,它可以提升營建管理的效率和及時性。

營建管理流程

　　營建專案管理從營建概念到營建完成的過程，基本上可以歸納成為五個主要階段，也就是：(1) 營建規劃 (construction planning)；(2) 營建設計 (construction design)；(3) 營建採購 (construction procurement)；(4) 營建施工 (construction) 和 (5) 營建結束 (construction closeout)。雖然有些使用不同的階段名稱，例如：(1) 設計前 (pre-design)；(2) 設計 (design)；(3) 採購 (procurement)；(4) 營造 (construction)；(5) 營建後 (post-construction)。或是：(1) 專案前 (pre-project)；(2) 規劃及設計 (planning and design)；(3) 包商選擇 (constractor selection)；(4) 施工準備 (project moblization)；(5) 專案執行 (project execution)；(6) 專案結束 (project closeout)。不過詳細觀察上述分類之後，可以發現他們的本質還是大同小異，並且都可以進一步歸類成為營建規劃、營建設計、營建採購、營建施工和營建結束五大主要階段。

　　而所有這些階段的前後串聯關係，稱為營建專案管理流程 (construction project management processes)。圖 3.1 為本營建專案管理知識體系的營建專案管理流程架構，由圖中可以清楚知道，營建的管理肇始於營建規劃，繼之以營建的設計、採購和施工，終止於營建的結束。本書將營建專案流程簡化成為五個階段的主要目的，是希望促

圖 3.1　營建管理流程

進營建管理知識的吸收和學習，因為這五個階段的劃分非常清楚，不會產生沒有必要的重疊、模糊和混淆。

Chapter 4

營建管理步驟

　　營建管理流程中的每一個階段，可以再展開成好幾個必須執行的步驟，包括：

　　營建規劃階段有四個執行步驟 (圖 4.1)，包括目標規劃 (objective planning)、財務規劃 (financial planning)、模式規劃 (delivery system planning) 和合約規劃 (contract planning)。

　　營建設計階段的三個步驟 (圖 4.2)：初步設計 (premilinary design)、細部設計 (detailed design)、採購文件 (procurement document)。

　　營建採購階段的三個步驟 (圖 4.3)：採購規劃 (procurement planning)、工程採購 (procurement)、決標 (contractor selection)。

圖 4.1　營建規劃階段步驟

圖 4.2　營建設計階段步驟

圖 4.3　營建採購階段步驟

　　營建施工階段的十五個步驟 (圖 4.4)：安全規劃 (safety planning)、環境規劃 (environmental planning)、索賠辨識 (claims identification)、索賠量化 (claims quantification)、施工規劃 (preconstruction planning)、安全計劃執行 (safety plan execution)、工程施工 (construction)、績效監控 (performance monitoring and control)、資源管理 (resources management)、文件管理 (document management)、環境保證 (environmental assurance)、環境控制 (environmental control)、索賠預防 (claims prevention)、索賠解決 (claims resolution) 及財務控制 (financial control) 等。

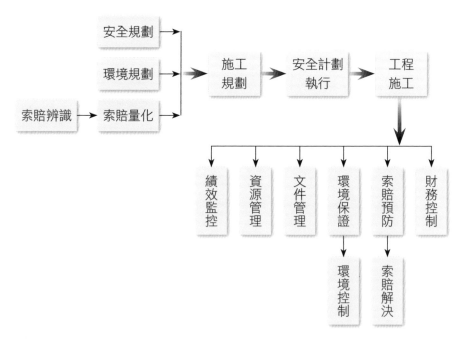

圖 4.4　營建施工階段步驟

　　營建結束階段的四個步驟 (圖 4.5)：營建驗收 (construction inspection and testing)、營建移交 (construction commisioning)、安全記錄 (safety records)、財務記錄 (financial records)。

　　營建專案管理和一般專案管理比較不一樣的地方，是這些執行的步驟有時是由業主主導，有時是由業主的顧問協助，進入施工階段之後則是由包商負責執行，由營建管理團隊負責整個施工過程的監督和管理。根據這些營建專案管理的步驟，營建管理人員在各個階段，就可以井然有序的執行營建管理的工作。

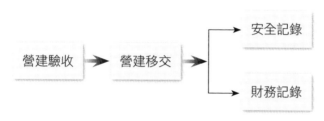

圖 4.5　營建結束階段步驟

營建管理方法

　　營建管理的每一個步驟，必須配合執行的方法才能有效落實。例如營建規劃階段的第一個步驟：目標規劃 (objective planning)，應該如何進行，有哪些手法和工具可以使用等等，本知識體系將營建管理步驟執行的方法，歸納為營建專案管理方法。這些方法可以引導營建管理人員的思維邏輯，對每個步驟的有效落實和執行，可以產生積極正面的效果。

　　圖 5.1 為營建管理方法的示意圖，中間方塊代表營建管理的某一個步驟，方塊左邊是執行該營建步驟所需要的輸入資料或訊息。方塊上方是執行該營建步驟所受到的限制 (constraints)，例如組織的政策，或是步驟的假設 (assumptions)，例如不一定是真的事情認為是真，或是不一定是假的事情認為是假，限制及假設是營建風險的所在。方塊下方是執行該營建步驟可以選用的技術 (techniques) 和工具 (tools)。方塊右邊是執行該營建步驟的產出。

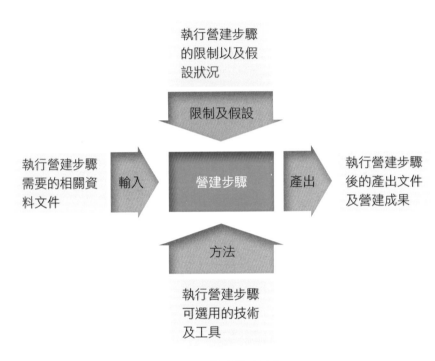

圖 5.1　**營建管理方法**

Chapter
6

營建專案管理層級模式

綜合前面幾章所提到的營建專案管理架構 (construction project management framework)、營建專案管理流程(construction project management processes)、營建專案管理步驟 (construction project management steps) 和營建專案管理方法 (construction project management techniques)，可以建構出一個四階的營建專案管理模式 (construction project management hierarchical model)，採用由上往下，先架構後細節的方式，逐漸展開成一個完整的營建專案管理方法論 (methodology) 模式。這樣的營建專案管理模式不但可以促進營建團隊的溝通，也有助於營建過程的順序展開。執行得當可以避免不必要的問題，因而可以縮短整個營建工作的時程。

圖 6.1 為本知識體系的營建專案管理層級模式，圖的最上方是營建專案管理的架構，整個架構強調營建專案管理基礎建設 (infrastructure) 的規劃和營建專案管理流程的設計，包括營建團隊、制度建立及資訊工具的使用。

第二個層級是營建專案管理流程，本知識體系以五個階段來呈現營建專案管理的過程，也就是營建規劃、營建設計、營建採購、營建施工和營建結束。營建專案管理流程的階段性劃分有很多不同的設計，但是都可以歸納成為本知識體系的五個階段。

第三個層級是營建專案管理的步驟，它是營建專案管理流程的詳細展開，由營建專案管理的步驟，可以清楚知道每個營建階段應該執行的步驟及內容。

　　第四個層級是營建專案管理的方法，它是每個營建專案管理步驟的執行方式，包括執行時所需要的輸入資訊，所受到的限制，可以使用的技術，以及所要產出的結果。

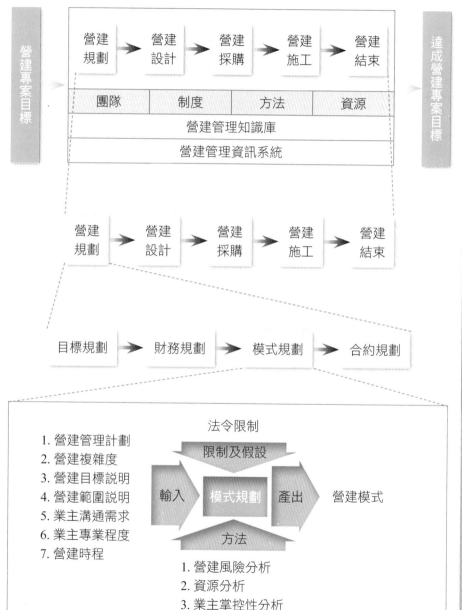

圖 6.1　營建專案管理層級模式

Part 2

營建專案管理知識領域
Construction Project Management
Knowledge Area

Chapter 7

營建規劃

　　營建規劃階段 (如圖 7.1) 的重點工作，開始於業主為了某個商業目的而產生的營建目標或營建需求，當然這個目標或需求是否值得實現，會在後續階段分析決定。接著進行達成營建目標所需要的財務規劃，包括營建成本估計、資金取得方式以及財務風險評估等等。再來業主要決定採用哪種營建模式來執行這個營建專案，例如：聘請建築師設計然後再發包營造廠，或是由一個公司負責全部設計和施工，當然也可以依工作的特性分成好幾個小包，或是聘任營建專案管理專家擔任顧問等等。最後業主要依據營建的困難度和風險，決定外包上述工作的合約型式，包括總價合約、實價合約或單價合約等等。營建規劃階段的主要工作有以下幾項 (如圖 7.2)：

1. 目標規劃。
2. 財務規劃。
3. 模式規劃。
4. 合約規劃。

圖 7.1　營建規劃階段

圖 7.2 營建規劃階段步驟

⌐ 7.1 ⌐ 目標規劃

目標規劃 (objective planning) 的目的是將業主的需求，具體化成為營建專案的目標說明，規劃方法包括營建的可行性分析、營建需求的澄清、營建範圍的建立、營建方案的發展、建地現況的勘查以及營建限制的確認等等。此外，一旦營建目標確定之後，所需要的建築師也可以同時選定，以便進行後續的營建設計作業。圖 7.3 為目標規劃的方法。

圖 7.3 目標規劃方法

輸入	業主需求：業主的營建需求是營建專案設計和施工的依據，因此必須確認清楚。
方法	1. 業主需求分析：分析業主的營建需求和營建目的，以做為營建目標制定的依據。 2. 營建可行性分析：分析每個營建方案的可行性，包括對進度、成本、風險及安全的影響。 3. 營建方案確認：達成營建目標的方法可能不只一個，因此可以事先進行各種方案的選擇。 4. 工地調查：勘查營建場地的各種相關事項，包括地質、污染、生態、現有地上物、交通、所有權等等。 5. 其他：其他適用的任何方法。
限制及假設	需求表達完整：業主需求的表達完整，是營建目標正確制定的先決條件。
產出	1. 營建目標說明：營建專案的目標說明，它可以由業主制定，或是透過建築師的協助完成。業主的營建目標可能包括生命週期總成本、能源使用效率、內部完工品質、建物結構美感、投資報酬率、未來擴充性和市場吸引力等等。營建專案管理團隊的最大責任就是清楚完整的了解業主的營建目標和需求。 2. 營建範圍說明：營建專案的範圍說明，包括必須完成的部份，和不必完成的部份。 3. 營建專案限制：營建專案以及業主所給定的限制，包括資金限制 (現金流量)、時程限制 (開幕日期)、氣候限制 (雨季)、工作時間限制 (夜晚、週末、停機) 和上市時間限制 (開始生產) 等。 4. 建築師選定：選擇最適當的營建專案建築師。

7.2 財務規劃

財務規劃 (financial planning) 的目的是依照營建的目標、營建的範圍、營建的成本以及營建的時程，在極小化營建財務風險的情況下，規劃營建資金的取得方式和現金流量的管控機制。營建專案的資金需求通常非常龐大，有效而穩健的財務規劃是達成營建目標的最大關鍵。民營企業的大型營建專案如果自有資金不足，通常要透過銀行的融資；政府單位的大型營建專案，則可以用發行債券或是透過營建模式的設計來籌措，例如 BOT (施工—營運—移轉) 的方式。圖 7.4 為財務規劃的方法。

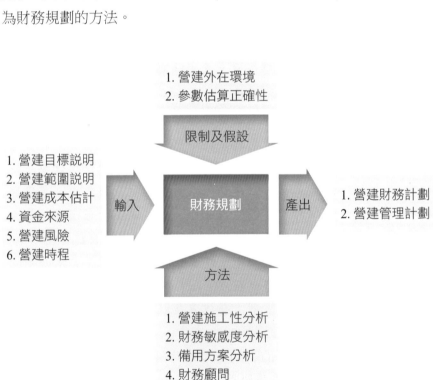

圖 7.4　財務規劃方法

輸入	1. 營建目標說明：詳細請參閱〈目標規劃〉。
	2. 營建範圍說明：詳細請參閱〈目標規劃〉。
	3. 營建成本估計：根據營建的目標說明和範圍說明，估計所需要的營建總成本。在營建概念階段，會以營建專案的大略工作範圍來粗略估計營建的成本，稱為級數估計 (order of magnitude estimates)、概念估計 (conceptual estimates)、初步估計 (preliminary estimates)、可行性估計 (feasibility estimates)。然後業主利用投資報酬率等方法的分析，確認專案可行之後，會要求建築師發展出幾個不同的營建概念設計方案 (conceptual design alternatives)，由分析各個方案的現金流量、施工困難度和生命週期總成本，包括土地取得成本、工程設計成本、營建專案管理成本、融資成本等等，就可以選出最符合業主需求的營建設計，並且估計出營建的工程預算。
	4. 資金來源：營建資金的來源依照業主的財務狀況及資金策略而有不同，可能來自自有資金、銀行的貸款、私人募款、政府資金等等。
	5. 營建風險：分析營建專案的所有風險因子，包括無法完工的風險、超支的風險、法規改變的風險、政治風險、技術風險等等。
	6. 營建時程：營建專案的總長會影響所有關係人的利益及工程價並進而影響財務，因此是財務規劃的重點。
方法	1. 營建施工性分析：營建施工性分析 (constructibility analysis) 於財務規劃之應用是利用過去類似專案所累積之知識與經驗，評估營建專案在各階段可能發生之困難問題而衍生的支出和收入狀況，並以經驗

	學習事先解決潛在困難，以降低成本，確保營建的財務可行性。
	2. 財務敏感度分析：分析各種變數對營建專案現金流量的影響，以便制定最適當的財務管理計劃。
	3. 備用方案分析：分析非預期性因素引起的財務需求，包括工程延誤及範圍變更等。
	4. 財務顧問：透過財務顧問來建立完整可行的財務管理計劃。
	5. 其他：其他適用的任何方法。
限制及假設	1. 營建外在環境：營建的財務規劃會受到外在環境的限制和影響，包括政府政策、法令規定、獎勵投資、社會環境及景氣狀況等等。
	2. 參數估算正確性：營建專案財務分析最大之限制，在於相關參數之正確性，而在此一階段，各參數皆為假設而來，因此其估算之正確性受到相當之限制。
產出	1. 營建財務計劃：完整的營建財務管理計劃，內容包括營建成本估計、資金需求的數量、需求的時間和取得的方式、現金流量分析、專案預期投資報酬率、成本績效管控方式等等。
	2. 營建管理計劃：營建管理計劃 (construction management plan) 是指說明營建專案範圍、里程碑進度、預算、組織、工地環境狀況、採購策略以及管理制度和流程的文件，它必須經過業主的審查通過。

7.3 模式規劃

營建專案管理過程的三個主要角色是業主 (owner)、設計師 (architect/designer) 和承包商 (constructer)，而營建模式規劃 (delivery system planning) 的目的就是要規劃這三者之間的關係。傳統上，最常採用的做法是將設計和建造分由不同的組織來負責，但是為了達到特定的目的和效果，也衍生出好幾種不一樣的模式，例如將設計和建造委由同一個單位處理。

基本上，營建專案管理可以概分為兩大類別：(1) 顧問 (agency) 式管理：營建專案管理專業人員從營建概念到營建完成，都只扮演業主顧問的角色；(2) 全責 (CM at-risk) 式管理：營建專案管理專業人員在施工之前扮演業主顧問的角色，一旦進入營建階段則轉換成營建包商的角色。圖 7.5 為營建模式規劃的方法。

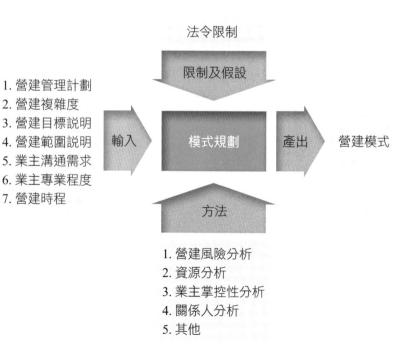

圖 7.5　模式規劃方法

輸入	1. 營建管理計劃：詳細請參閱〈財務規劃〉。 2. 營建複雜度：營建專案本身的技術複雜度和管理複雜度。 3. 營建目標說明：詳細請參閱〈目標規劃〉。 4. 營建範圍說明：詳細請參閱〈目標規劃〉。 5. 業主溝通需求：不同的模式會需要業主不同程度的溝通介入。 6. 業主專業程度：業主本身或組織的營建專業程度會影響模式的選擇。 7. 營建時程：營建時程之緊迫性是決定營建模式之重要因子。
方法	1. 營建風險分析：分析不同營建模式的技術及管理風險。 2. 資源分析：分析業主的所有營建資源，包括技術人力及管理人力。 3. 業主掌控性分析：分析各種營建模式對業主對營建過程掌控性的影響。 4. 關係人分析：分析各種營建模式所牽涉到的所有關係人。 5. 其他：其他適用的任何方法。
限制及假設	法令限制：營建模式之選擇常受限於相關法令，特別是公共工程專案。
產出	營建模式：業主進行營建時，規範與設計師和營造廠之間的關係模式，有以下幾種，其中以前面兩種最常被使用： (1) 設計─發包─施工 (design-bid-build)：最常使用的營建模式，業主聘請設計公司進行營建設計和規範制定，並準備採購文件。業主再以這些設計

規格文件進行採購和選擇營造廠商進行營建施工。圖 7.6 為其關係圖。圖 7.7 為 DBB 的流程圖。

(2) 設計—施工 (design-build)：業主和一個組織簽訂合約，由他們同時負責設計和建造。主要優點是責任統一、品質提高、時程縮短、介面減少、降低風險、簡化管理等等。圖 7.8 為設計—施工的

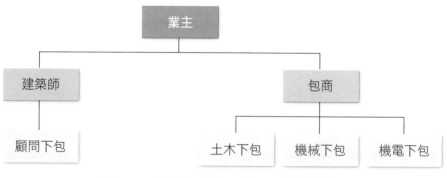

圖 7.6 「設計－發包－施工」模式關係圖

圖 7.7 「設計－發包－施工」流程圖

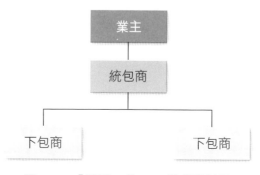

圖 7.8 「設計－施工」模式關係圖

關係圖。圖 7.9 為設計—施工的流程圖。

(3) 專業營建管理 (professional construction management，PCM)：業主聘請專業的營建管理顧問，來進行營建的過程管理。有兩種選擇的方式：

a. 顧問式營建經理：營建經理以顧問方式提供意見，業主另行外包設計和建造。圖 7.10 為其關係圖。

b. 全責式營建經理：營建經理擔任包商的角色，負責下包商的管理。圖 7.11 為其關係圖。

(4) 專案經理 (project manager)：專案經理代表業主，與建築師和包商簽訂合約，當然合約的關係可以是前面提到的設計—施工或營建經理等模式。圖 7.12 為專案經理的關係圖。

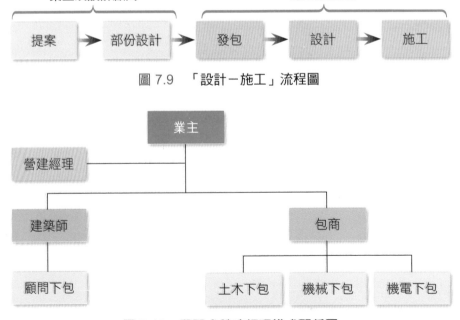

圖 7.9　「設計－施工」流程圖

圖 7.10　顧問式營建經理模式關係圖

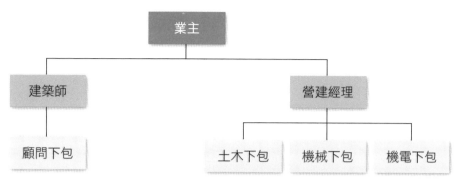

圖 7.11　全責式營建經理模式關係圖

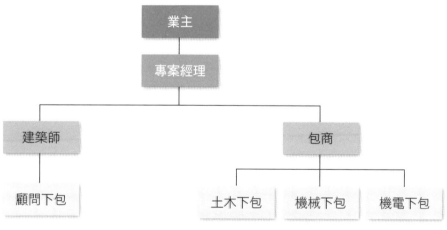

圖 7.12　專案經理模式關係圖

(5) 文件及施工 (document and construct)：為設計施工
模式的變型，業主先和設計團隊發展營建概念、
工程圖、績效標準等，接著透過招標程序選出包
商或營建經理。然後再透過更替 (novation) 的程
序，將設計合約轉移給包商，包商變成設計和建
造結果的最終負責人。圖 7.13 為文件及施工模式
關係圖。

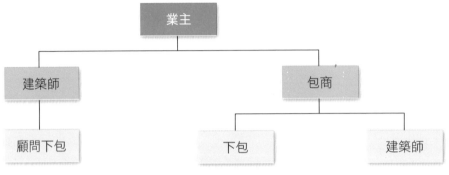

圖 7.13 文件及施工模式關係圖

(6) 多包商 (separate prime contracts)：業主本身沒有
營建人員編制，同時和幾個包商簽訂合約，也沒
有聘請一個包商來和所有包商簽訂合約。但是可
能有營建經理協助並提供意見。圖 7.14 為多包商
關係圖。

(7) 統包 (turnkey)：業主以一個固定的總價，聘請包
商負責整個營建專案，包括營建設計、物料採
購、營建施工之外，有時還包括資金和土地的取

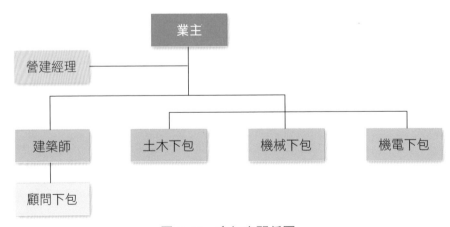

圖 7.14 多包商關係圖

得等。因此如果包商有協助取得土地，那麼等營建完成之後，業主需要將整個營建結果購買回來。當然由業主所造成的成本增加，可以修正原先的總價。

(8) 施工—擁有—營運—移交 (boot, build-own-operate-transfer)：主要用來納入私人營造商參與公共建設，包括募集資金、設計、施工、營運，然後在某個時間點到了之後，將所有營建資產，無條件免費移轉回政府。boot 和 bot (build-operate-transfer) 常被互用，然其意義上有所不同。

(9) 聯合承攬 (joint venture)：營造商為了分散風險以及提高資源的使用效率，和其他營造商或設計公司結盟，一起參與業主的招標，得標之後依協定完成各自的營建工程。

(10) 階段式營建 (phased construction)：將營建專案分割成好幾個不同的部份，每個部份都經過設計、採購和建造的過程，也就是某個部份進行設計的時候，另一個部份正在採購或施工當中。階段式營建類似快速施工法 (fast tracking) 的方式，因此可以縮短營建專案的時程。

(11) 全責式營建管理 (CM at-risk)：營建經理在設計階段的角色是業主的顧問，在施工階段則是變成營造包商。全責模式可以擺脫傳統設計和施工分開的介面溝通協調問題，逐漸在營建產業被廣泛接受。另外，全責模式通常和保證最高價合約 (gurranteed maximum price) 一起使用。

7.4 合約規劃

　　合約規劃 (contract planning) 的目的是根據營建模式及專案的實際狀況及特性，在考慮各種因素之後，例如：成本，時程、風險及獎勵措施等情況下，選擇最適合採購每個營建項目的合約種類。合約的規劃會受到幾個現象的影響，例如營建成本能否詳細估計、營建困難度是否很高、是否需要經常稽核包商花費、營建工程量能否精確估計、以及成本變更的可能性等等。值得注意的是，合約規劃的目的是為了創造雙贏的局面，而不是將全部的風險推給任何一方承擔。圖7.15 為營建合約規劃的方法。

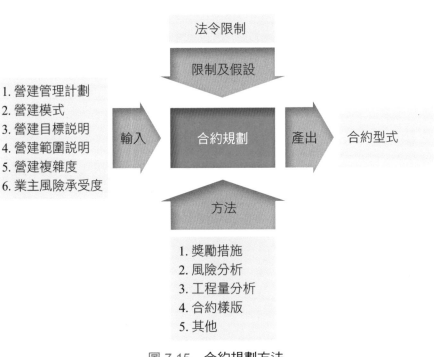

圖 7.15　合約規劃方法

輸入	1.營建管理計劃：詳細請參閱〈財務規劃〉。 2.營建模式：詳細請參閱〈模式規劃〉。 3.營建目標說明：詳細請參閱〈目標規劃〉。 4.營建範圍說明：詳細請參閱〈目標規劃〉。 5.營建複雜度：技術複雜度會影響合約型式的選擇。 6.業主風險承受度：業主可以忍受的風險程度。
方法	1.獎勵措施：獎勵包商提早完成或降低成本的合約條款。 2.風險分析：分析不同合約所可能引發的成本和進度風險。 3.工程量分析：分析營建專案的初步可能總工程量。 4.合約樣版：現有的合約書樣本。 5.其它：其他適用的任何方法。
限制及假設	法令限制：合約類型之選擇常受限於相關營建法規。
產出	合約型式：營建的合約有以下幾種型式： (1) 總價合約 (lump sum/fixed price)：業主以一個固定價格要求包商完成整個營建專案，適用於營建成本可以精確估計的狀況。總價合約通常用於「設計—發包—施工」、「統包」、「多包商」及「全責」的營建模式，另外，它的獎勵條款通常是鼓勵提早完成。 (2) 單價合約 (unit price)：業主以完成單位工程量的價格和包商簽訂合約，適用於營建工程數量無法預先精確估計的狀況，例如緊急搶修工程。單價合約通常用於「設計—發包—施工」的營建模式。 (3) 實價合約 (cost-plus)：業主在營建工程完成之後，會支付包商所有的成本花費，再加上一個約

定好的金額，當成包商的利潤。為了避免包商灌水，通常會加上獎勵條款，當成本低於某一數值時，包商可以分到節省金額的某一比率。實價合約通常用於「統包」、「多包商」及「全責」的營建模式。

(4) 時間及材料 (time and materials)：業主依照實際花費支付包商的材料費，並以約定的費率支付包商的人工及設備費，因此時間及材料合約兼具單價合約及實價合約的特性。時間及材料合約通常用於「設計—發包—施工」的營建模式。

(5) 保證最高價 (gurranteed maximum price)：業主以一個最高價格做為營建合約的總價，而且雙方都認知未來的實際成本有可能比這個價格低，因此業主可以配合獎勵條款，來提高包商節省成本的動機。保證最高價通常用在非政府單位，並且通常用於「全責」及「統包」的營建模式。

Chapter 8

營建設計

　　營建設計 (如圖 8.1) 是把營建概念具體化成為實體建物的階段，這個階段大致上可以歸納成如圖 8.2 的幾個步驟。基本上就是根據營建的目標說明和範圍說明，經過初步設計獲得營建的基本設計圖 (basic design)，然後再經由細部設計，獲得營建的細部設計圖面。

　　營建設計階段的重點是充分應用同步工程 (concurrent engineering) 的概念，提供使用者、營建人員和設計人員充分交換意見的機會，以找出最適合業主和使用者需求、成本最低、速度最快和最容易施工的營建設計，包括營建材料、施工方法及建物規劃等等。此外，為了提高營建設計的品質，營建設計公司必須設立營建設計的品管和品保制度，落實執行並且留下記錄以做為業主稽核時的依據。營建設計階段的主要工作項目有以下幾項 (如圖 8.2)：

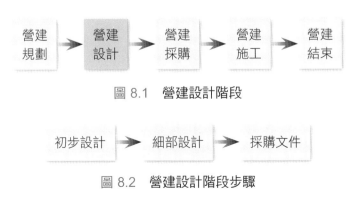

圖 8.1　營建設計階段

圖 8.2　營建設計階段步驟

1. 初步設計。
2. 細部設計。
3. 採購文件。

8.1 初步設計

　　初步設計 (preliminary design) 的目的是製作一套初步的營建工程圖面，以及有關的書面報告資料，以供業主的審查和核准。例如建築師要發展營建設計的概念，包括必須滿足空間需求的高度圖及剖面圖等。機電工程師要決定設施如何進行搭配，包括冷卻系統、加熱系統、資料傳輸系統等等。這些初步的工程圖面可以只是徒手繪製的草圖，但是必須能夠呈現營建專案的特性，並且能夠和週遭的環境、營建的規範、建築的外觀、空間的規劃互相協調一致。然後營建工程師進行建地的分析，包括地形及地勢、土壤狀況、排水系統、進口及出口、營建設施等等。圖 8.3 為營建初步設計的方法。

圖 8.3　初步設計方法

輸入	1. 營建目標說明：詳細請參閱〈目標規劃〉。
	2. 營建範圍說明：詳細請參閱〈目標規劃〉。
方法	1. 空間分析：分析建築物內部的空間分配。
	2. 地形分析：分析營建建地的地形及地勢。
	3. 地質分析：分析營建建地的地質條件。
	4. 外形與功能分析：分析營建構造的外形和功能之間的相關性。
	5. 環境配適度分析：分析營建主體和周圍環境的配適程度。
	6. 法規分析：分析現有營建法規和環保法規的所有規定。
	7. 施工性分析：分析營建設計方案於施工時之可行性，並利用過去之經驗事先研擬解決方案。
	8. 初步設計審查：建築師或工程師的初步設計必須定期送交業主，以確保設計滿足業主的需求，審查資料應該包括設計過程的品管和品保記錄。
	9. 其他：其他適用的任何方法。
限制及假設	目標說明清楚：客戶的目標說明清楚。
產出	1. 成本估計：業主根據初步設計所估計的營建成本，包括每單位面積的營建成本和營建總成本。
	2. 基本設計圖：營建工程的基本設計圖，包括營建的結構、地基、樓層、屋頂、牆壁、隔間、內裝、樓梯、視線、機械系統、固定設備等等。

8.2 細部設計

　　初步設計圖面經過業主審查通過之後，就可以進入營建的細部設計 (detailed design) 步驟，這個步驟除了進一步具體化擴展初步設計的工作之外，包括建地規劃、樓板規劃、樓層高度、隔間等等，也進

行相關的營建細部設計工作，包括牆壁、結構、天花板等，另外機械、電路、水管的規劃也是細部設計的重點。細部設計的主要任務之一是建立營建的規格，所以細部設計結束之後，所有重大的營建決策都已經解決，因此完整的營建工程圖面將會全部完成就緒，包括材料的選擇等等。除此之外，在初步設計所做的成本估計，在這個階段也會重新精確估計。圖 8.4 為細部設計的方法。

圖 8.4　細部設計方法

輸入	1. 營建目標說明：詳細請參閱〈目標規劃〉。
	2. 營建範圍說明：詳細請參閱〈目標規劃〉。
	3. 基本設計圖：詳細請參閱〈初步設計〉。

方法	
	1. 功能設計：功能設計 (functional design) 是把營建物視為互相關連的空間系統，而這個空間系統所形成的樓板規劃 (floor plan)，必須能夠滿足既定的功能和需求，包括人員的流動和事務的運作。
	2. 結構設計：結構設計 (structure design) 包括綜合 (synthesis) 和分析 (analysis) 兩個過程，結構的設計需要設計者的主觀創意，但是一但選擇了某一個結構系統之後，緊接著就是要分析系統能否滿足功能上的需求，以及和機電及管路的搭配程度。
	3. 分解及組合：分解 (decomposition) 是把設計拆解成比較好處理的小問題，一般可以按照功能性、空間位置及功能關連性等方式進行分解。組合 (integration) 是將各個營建組件結合在一起。
	4. 由上往下設計：由上往下設計 (top-down design) 是先從主建物的功能說明開始，逐漸細分到每一個組件以及組件彼此之間的關係。
	5. 由下往上設計：由下往上設計 (bottom-up) 是由組件的組合開始，看看能否滿足主建物所要達到的功能。
	6. 演算法：演算法 (heuristic approach) 是指應用一些規則和策略來模擬或尋求較佳的設計方案。
	7. 設計最佳化：營建設計的最佳化 (design optimization) 就是應用一些方法，來達成設計的最佳化狀態，包括成本，材料，空間使用等。
	8. 價值工程：價值工程 (value engineering) 是一個系統化的方法，用來尋求降低營建成本，但是不影響營建品質和績效要求的可行方案。一般建議在營建設計進度的 30% 時，開始進行價值分析。

9. 電腦輔助設計：應用電腦來輔助營建的設計 (computer aided design)，包括複雜結構的驗證及營建圖面的繪製等等。

10. 模型製作：營建的某些部份，特別是最新營建技術應用的場合，可以事先製作樣本或模型 (mock-ups)，以避免施工時的錯誤和重工成本。

11. 套圖：把建築物的水電管路、機械等和建築圖套在一起，發現有無衝突干擾現象，如果有就修正相關設計。

12. 施工性審查：業主審查營建設計的施工性 (constructability review)，包括材料的取得、營建技術、工作空間、工地出入、時程可行性、人力可用性、地下狀況、設計完整性等。施工性審查一般建議在設計進度的 30%、60% 和 90% 時進行。

13. 細部設計審查：建築師或工程師的細部設計必須定期送交業主，以確保設計滿足業主的需求，審查資料應該包括設計過程的品管和品保記錄。

14. 其他：其他適用的任何方法。

限制及假設	容許時間：細部設計工作常受到容許時間的限制。
產出	1. 細部設計圖面：由建築師或設計師所設計出來的細部設計圖面 (detailed design drawings)。 2. 成本估計：業主根據細部設計所估計的營建成本，包括每單位面積的營建成本和營建總成本。這個時候的營建成本估計會比之前更為精確。 3. 監造計劃：由業主或建築師所制定的施工檢驗和測試計劃 (construction inspection and testing program)，設計人員必須審視檢驗計劃以確保其實用性，監造計劃內容包括檢驗的程序、報告格式以及重新檢驗和檢驗問題的處理程序等等。

4.結構計算書：細部設計完成後，結構相關之計算書
應隨之完成。

8.3 採購文件

採購文件 (procurement document) 是將初步設計和細部設計階段
完成的所有資料，轉成營建採購所需要的相關文件，包括：(1) 工程
圖面：營建工程的所有相關圖面，例如結構圖及電路圖等；(2) 一般
規範：例如責任義務及投標說明等；(3) 特殊規範：例如合約型式、
保險需求等；(4) 營建技術規格：例如營建施工說明、測試規格、廠
商規定、績效標準等。圖 8.5 為採購文件的方法。

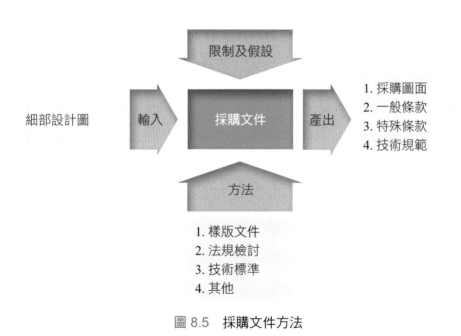

圖 8.5　採購文件方法

| 輸入 | 細部設計圖：詳細請參閱〈細部設計〉。 |
| 方法 | 1.樣版文件：工程採購所需要的標準文件格式。 |

	2. 法規檢討：和營建採購有關的法律規定。 3. 技術標準：營建產業的相關技術標準的內容及編號。 4. 其他：其他適用的任何方法。
限制及假設	
產出	1. 採購圖面：要發給投標廠商的採購圖面 (contract drawings)，包括 (a) 土木工程圖面：如道路、停車場、下水道等；(b) 主結構圖：標示建築物所有組成的尺寸和位置的圖面；(c) 結構圖：所有主要組成的連接和固定方式；(d) 管線圖：如管路、空調、通風設備等；(e) 電路圖面：電線、電話、控制箱、轉接盒、有限電視線路等。 2. 一般條款：明定業主和包商之間的權利及義務，包括定義及縮寫、投標要求、下包流程、工作範圍、追訴程序、進度衡量、付款方式等。 3. 特殊條款：特殊規定又稱為追加條款，是用來處理個別專案的特殊狀況，包括合約型式、合約文件數量、包商開工日期、保險需求、損害處理、完工日期、履約保證、獎勵方式、保固期限、預付款、成本變更方式等等。 4. 技術規範：通常涵蓋三大項目：(a) 一般性規範，如工程範圍、品質控制、場地整治等；(b) 產品相關資訊，如砂石、水泥、鋼筋、屋樑、木材及塑膠、磁磚、隔熱及防潮、門窗、設備及製造廠商規定等；(c) 施工說明書，如施工標準、施工說明、測試標準、裝潢、電梯、管路、線路完工規定等等。技術規格常以標準編輯來代表。

營建採購

營建採購是透過工程採購的程序，選擇最適合的一個或多個承包商來完成營建工程的施工。這個程序可以由業主自行處理，或是聘請專業的營建專案管理顧問來協助完成。營建採購階段如圖 9.1 所示。營建工程的採購首先要決定是否邀請所有可能的廠商投標，或是只開放給少數幾個合格的廠商。為了避免投標廠商過多，也可以透過預先篩選的程序，來降低合格廠商的數目。

有意願參與投標的廠商必須執行三件事情，首先是規劃各種施工的方法和需要的機具，然後發展出營建工作項目的進度時程，接著必須提出投標的報價，包括直接成本及間接成本，人工費用及材料費用，再加上適當的利潤。最後是將所有的投標文件，在規定的時間期限內，寄送到業主的手上，然後等待通知進行簡報和開標的時間。營建採購階段的主要工作事項包括 (如圖 9.2)：

圖 9.1　營建採購階段

圖 9.2　營建採購階段步驟

1. 採購規劃。
2. 工程採購。
3. 決標。

9.1　採購規劃

　　採購規劃 (procurement planning) 是規劃採購營建工程所需要的相關事務，可能是規劃、設計、施工、物料、設備等等。主要工作是準備所需要的相關文件，包括採購項目的工作說明、合約草案、技術規格、投標邀請、包商名冊以及選擇包商的評選標準等等。圖 9.3 為採購規劃的方法。

圖 9.3　採購規劃方法

輸入	1. 組織政策：營建採購單位有關工程採購的組織政策，例如只有國際營建經驗的公司才能投標。 2. 法令規定：有關營建採購的法令規定，特別是政府部門的採購。 3. 採購圖面：詳細請參閱〈採購文件〉。 4. 一般條款：詳細請參閱〈採購文件〉。 5. 特殊條款：詳細請參閱〈採購文件〉。 6. 技術規範：詳細請參閱〈採購文件〉。 7. 合約型式：詳細請參閱〈合約規劃〉。
方法	1. 標準採購文件：利用一般通用或業主的標準採購文件格式進行招標。 2. 專家判斷：諮詢內外部有經驗的專家來協助招標事宜。 3. 投標性審查：投標性審查 (bidability review) 是審查採購文件有無混淆、錯誤、遺漏及矛盾的地方，以減少後續的爭議發生。 4. 其他：其他適用的任何方法。
限制及假設	
產出	1. 工作說明：將要招標的工程做成工作說明 (statement of work)，詳細描述工程的重點及規格要求。 2. 投標邀請：投標邀請 (request for proposal / invitation for bid) 是指邀請廠商參與投標的文件。 3. 評選標準：用來選擇包商的評選標準。 4. 合約草案：營建採購工程的合約草案，部份細目條款可能還會與得標廠商進行協商，例如風險承擔。

9.2　工程採購

　　工程採購 (procurement) 是指透過媒體的廣告宣傳，將營建投標的訊息傳遞給潛在的包商知道，以便他們可以進行報價或準備營造建議書 (proposal) 等文件。如果營建專案具有複雜度，業主可以在包商報價或制定建議書之前，召開投標說明會 (bid conference)，以澄清投標需求並回答包商的可能問題。圖 9.4 為工程採購的方法。

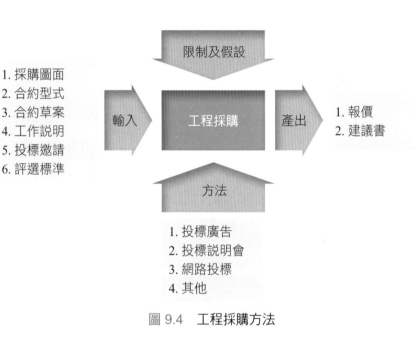

圖 9.4　工程採購方法

輸入	1. 採購圖面：詳細請參閱〈採購文件〉。
	2. 合約型式：詳細請參閱〈合約規劃〉。
	5. 合約草案：詳細請參閱〈採購規劃〉。
	4. 工作說明：詳細請參閱〈採購規劃〉。
	5. 投標邀請：詳細請參閱〈採購規劃〉。
	6. 評選標準：詳細請參閱〈採購規劃〉。

方法	1. 投標廣告：使用媒體進行投標機會的廣告，包括報紙、雜誌或網際網路等。 2. 投標說明會：回答潛在包商有關投標問題的說明會。 3. 網路投標：利用網路方式進行投標。 4. 其他：其他適用的任何方法。
限制及假設	
產出	1. 報價：包商對完成營建工程的報價。 2. 建議書：包商完成營建工程的計劃書。

9.3 決標

決標 (contractor selection) 是指業主在收到潛在營造廠商的報價和建議書之後，依照預定的評選標準項目及權重，透過篩選系統的門檻和計分方式，選擇出最適合的包商來承攬這項營造業務。業主對包商的選擇，可以採用最低標、合理標或技術標等幾種方式。圖 9.5 為決標的方法。

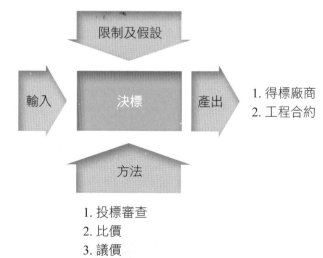

圖 9.5　決標方法

輸入	1. 報價：詳細請參閱〈工程採購〉。 2. 建議書：詳細請參閱〈工程採購〉。 3. 評選標準：詳細請參閱〈採購規劃〉。 4. 投標廠商：參與投標的所有廠商。
方法	1. 投標審查：審查投標廠商的標單，包括資格、能力及價格。 2. 比價：比較所有投標廠商的價格。 3. 議價：和得標廠商談判和協商價格的降低。 4. 其他：其他適用的任何方法。
限制及假設	
產出	1. 得標廠商：獲選得標的營建包商。 2. 工程合約：和營建包商經過協商確定後的正式合約，內容通常會說明工程進度的相對價值 (schedule of value)，以做為付款的依據。

營建施工

　　營建施工階段的重點工作是監督和控制營建的施工績效,包括進度、成本、品質、安全、環保、索賠、資源、溝通及文件等等。其中績效監督是比較實際績效和計劃績效的差異;績效控制則是採取措施將不良績效糾正回來。細部事項包括進度的更新、成本的報告、品質的保證、安全的檢驗、環境的維護、人員、設備及材料的管理、以及定期實施價值分析來降低營建的成本。此外、做好營建文件的管理除了可以促進施工過程的溝通,也有助於營建工程爭議的澄清。營建施工階段如圖 10.1 所示,而營建施工階段的主要工作事項包括 (如圖 10.2):

1. 安全規劃。
2. 環境規劃。
3. 索賠辨識。
4. 索賠量化。

圖 10.1　營建施工階段

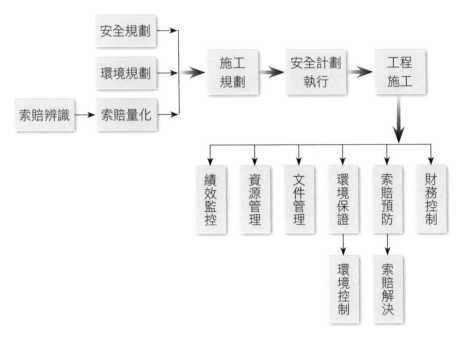

圖 10.2　營建施工階段步驟

　5. 施工規劃。

　6. 安全計劃執行。

　7. 工程施工。

　8. 績效監控。

　9. 資源管理。

10. 文件管理。

11. 環境保證。

12. 環境控制。

13. 索賠預防。

14. 索賠解決。

15. 財務控制。

10.1 安全規劃

安全規劃 (safety planning) 的目的是確保營建專案過程不會發生造成工作人員或行人受傷及財產損失的工安事件，截至目前為止，人員傷亡仍舊是營建業的最大問題。以美國為例，每年有 500 億美元的營建事故損失，而且研究顯示，每 1 元的安全方案投入，可以產出 4 到 8 元的事故損失節省，由此可知安全管理對營建工程的重要性。安全規劃是指分析和處理營建現場的潛藏危害事件及現象，包括地形、場地、事故案例、法規及業主的要求等等。圖 10.3 為安全規劃的方法。

圖 10.3　安全規劃方法

輸入	1. 法令規定：中央及地方政府對於營建安全的法令規定。 2. 合約要求：合約中業主對於營建安全的特殊要求。 3. 安全政策：包商本身對於營建工程的安全政策。 4. 現場狀況：營建安全規劃必須考量到營建場地的狀況，例如在地面下或水面上進行施工，必須要有地面上施工所沒有的額外安全措施。
方法	1. 危險分析：危險分析 (hazard analysis) 是系統化的辨識和營建有關的所有可能的危險因子，通常由工安人員協同工地主任，以檢視 WBS 的方式進行，常容易發生危險事件的地方有梯子、懸吊器具、洞口、鏈條、管子、鷹架、壕溝、重型機具、轉動機器、車子、有害物質、雜亂處所、電線、火災、焊接、雪、冰及噪音等。 2. 下包選擇：包商透過篩選下包商是否有完整的安全管理措施以及良好的安全記錄來確保營建的安全無虞。 3. 安全獎勵：也可以使用安全獎勵的方式來提高營建安全的績效。 4. 合約條款：善用合約條款是做好安全規劃的有效方法。 5. 其他：其他適用的任何方法。
限制及假設	
產出	1. 營建安全計劃：一個提高營建安全績效的指導文件，內容包括人員安全配備、急救裝置、安全標示、安全操作程序、新進人員訓練影帶、以及定期的安全會議等等。

2. 安全責任：營建安全是每個現場工作人員的責任，但是包商可以設置工安人員，並賦予他們如果安全規定沒有被執行或遵守下，可以有權馬上停止施工。

3. 安全預算：因為處理營建安全所需要的預算。

4. 保險：投保各類保險，保護財務損失、責任險、人員傷害等。

10.2 環境規劃

環境規劃 (environmental planning) 的主要目的是確認營建專案所適用的環境法規、標準和政策，以及達成這些標準的方法。具體內容包括評估建地的環境、分析營建活動項目的特性和執行營建活動對週遭環境的影響。圖 10.4 為環境規劃的方法。

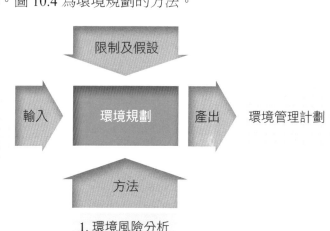

圖 10.4　環境規劃方法

輸入	1. 法規及標準：有關營建環保的中央或地方法令規定，例如噪音上限、液氣體排放規定、環境影響評估報告等；以及包商自定的環境標準。
	2. 合約要求：業主對包商在環境保護方面的合約要求。
	3. 環境政策：營建工程執行單位的環境政策，可能是既定政策、法令規定或是關係人的要求。
	4. 施工許可：營建工程的施工許可，有時必須在環境影響評估報告 (environmental impact report) 通過之後，才會取得施工許可。
	5. 環境狀況：營建施工現場的環境現況，包括空氣、水質、土壤、生態、植物、動物、古蹟、村落等等，以了解是否需要住戶的搬遷、作物的移植或是岩層的炸破等等。
方法	1. 環境風險分析：辨識、定性分析、定量分析和因應可能影響環境的所有風險因素。
	2. 營建方案選擇：同樣的營建目標有時可以有幾種不同的達成方法，可以分析各種方法的成本及效益，找到較佳的實施方案。
	3. 關係人分析：環境需求、營建目標以及營建方法必須取得所有營建關係人的共識或同意，才能順利完成營建專案。例如營建施工地點附近的居民，特別是各級政府的規定。
	4. 標竿學習：透過內外部標竿的學習，可以提高環境規劃的品質。
	5. 魚骨圖：使用魚骨圖分析可能影響環境的所有因素。
	6. 其他：其他適用的任何方法。

限制及假設	
產出	環境管理計劃：營建專案必須依循的環境管理計劃 (environmental management plan)，內容包括環境政策、管理架構、管理活動、角色責任、制度流程、投入資源、以及如何進行環境保證、環境控制和環境改善等等，特別是緊急環境危害狀況時的處理方式。

10.3 索賠辨識

索賠辨識 (claims identification) 的主要目的是辨識在營建過程中，會不會發生工程範圍爭議和合約內容認知不同的可能，例如：包商認為某部份的工作不在合約範圍內，或是某個工作的延誤包商認為不是他們的錯等等。當然業主也有可能提出索賠，例如：業主認為包商沒有完成合約中的某個工作等。索賠通常會引發包商要求業主延長工期，或是要求業主支付花費，也可能是業主要求包商補做工作等等。索賠如果經過協商之後達成協議，就會變成單純的工程變更。相反的，如果協商不成，就需要進入談判、調停、仲裁甚至訴訟的過程。圖 10.5 為索賠辨識的方法。

輸入	1. 合約工作範圍：營建外包的工作範圍。
	2. 合約條款：營建外包合約的細目條款，尤其是有關變更、進度等的條款。
	3. 額外工作量聲明：包商認定超出合約範圍，所提出來給業主的額外 (extra works) 工作量聲明。
	4. 工期延長要求：因為認定是額外工作量，或是因為不尋常的惡劣天氣、罷工及其他不可抗拒的外力造成延誤，導致包商要求業主延長的營建工期。

圖 10.5   索賠辨識方法

方法	1. 合約條款分析：分析有關工程變更的合約條約和規定，以確認是否有可能發生索賠事件。 2. 專家判斷：由合約專家包括律師等來協助辨識索賠的可能性。 3. 證明文件：有關索賠的所有相關佐證資料，包括問題工作項目的照片、錄影帶、工作時間及地點等等。 4. 其他：其他適用的任何方法。
限制及假設	
產出	1. 索賠說明：完整的索賠說明，詳細解釋為什麼該工作被認定是超出合約以外的額外工作。 2. 相關文件：所有可以證明的文件及資料。

10.4 索賠量化

索賠量化 (claims quantification) 是數量化所有索賠的可能成本和時間延長，索賠的量化通常採用分析原因和影響 (cause and effect) 的方式進行，一個索賠可能會直接或間接影響其他的活動，更可能會造成工作順序的改變，或是其他工作的延誤。因此量化索賠時，必須完整的估計所有這些直接和間接的相關影響成本。索賠如果處理不當，常會演變成雙方的漫天喊價和砍價過程，因此公正和公平的量化過程是解決爭議的關鍵。圖 10.6 為索賠量化的方法。

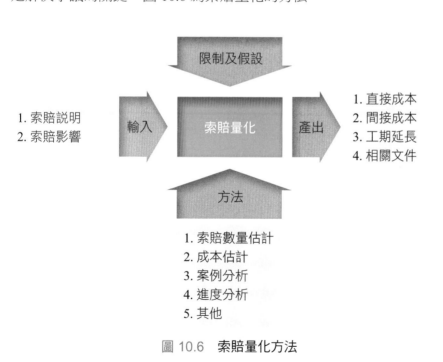

圖 10.6　索賠量化方法

| 輸入 | 1. 索賠說明：詳細請參閱〈索賠辨識〉。 |
| | 2. 索賠影響：索賠活動對營建專案的整體影響。 |

方法	1. 索賠數量估計：索賠說明的工作量大小，例如多少立方體積的混凝土、幾噸的鋼筋重量、或是幾公尺的管線長度等。 2. 成本估計：索賠工作的人力、材料及設備等。包括索賠說明的工作本身以及索賠工作所影響到的其它工作。 3. 案例分析：分析以前的索賠案例，以做為索賠價值量化的參考。 4. 進度分析：分析目前進度及計劃進度的差異，特別是對營造專案要徑的影響。 5. 其他：其他適用的任何方法。
限制及假設	
產出	1. 直接成本：索賠活動所增加的直接成本。 2. 間接成本：索賠活動所增加的間接成本。 3. 工期延長：索賠活動所造成的工期延長。 4. 相關文件：可以支持索賠量化的所有文件，包括人員投入、機器使用、加班薪資等等。

10.5 施工規劃

　　施工規劃 (pre-construction planning) 是指營建施工前的規劃和準備，重點工作包括申請各種施工許可、為人員及工程保險、召開施工前的會議，製作營建團隊組織圖、建立營建工程時程表及緊急聯絡清單、以及準備營建專案的程序手冊等。圖 10.7 為施工規劃的方法。

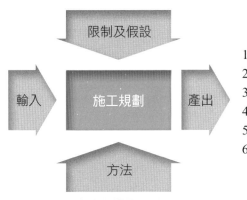

限制及假設

1. 採購圖面
2. 營建法規
3. 可用資源
4. 綱要時程

輸入

施工規劃

產出

1. 施工許可
2. 保險
3. 施工進度表
4. 工地配置圖
5. 人員組織圖
6. 專案程序手冊

方法

1. 許可申請
2. 資源分析
3. 物料採購
4. 人員指派
5. 施工前會議
6. 其他

圖 10.7　施工規劃方法

輸入	1. 採購圖面：詳細請參閱〈採購文件〉。 2. 營建法規：有關營建施工的法令規定，包括建築許可、排放許可、爆破許可、鑿井許可等等。 3. 可用資源：包括自有人員、機具、材料及協力廠商等。 4. 綱要時程：用以規劃施工階段的大項進度 (master schedule)。
方法	1. 許可申請：依照法令規定，申請營建的各種許可。 2. 資源分析：對人員、設備及材料等做最佳的調配管理，包括營建進度的要徑分析、成本分析，如果資源供不應求，也可以進行資源的拉平。 3. 物料採購：針對營建物料的價格、品管能力、供應時程及廠商評價等，透過採購程序取得營建所需要

	的各種材料。
	4. 人員指派：包括營建工地的組織型式、人員編制等、角色責任等等。
	5. 施工前會議：施工前會議 (pre-construction conference) 的目的是讓所有營建專案關係人了解營建工程的全貌，參加者包括業主、包商、建築師、地方政府以及其他相關單位或個人。
	6. 其他：其他適用的任何方法。
限制及假設	
產出	1. 施工許可：由政府所發出的建築執照、其中必須符合法律規定的範圍，可能包括建築物主結構、污水處理、現場施工、廢棄物處理、噪音、臭氣、空氣污染等等。
	2. 保險：和營建有關的保險，包括財產險、損失責任險、人員保險等。
	3. 施工進度表：利用甘特圖或網路圖所呈現出來的營建施工進度表。由進度表可以進行資源的拉平 (leveling)、成本的掌控和進度的追蹤。為了避免忽略重要的進度問題，可以製作查檢表來檢驗施工進度表的品質。
	4. 工地配置圖：營建施工現場的佈置圖 (site layout)，包括辦公室、倉庫、休息室、宿舍、衛生設備、醫護室、進出口、安全防範、各類標示等等。
	5. 人員組織圖：所有參與營建工程的人員組織圖。
	6. 專案程序手冊：專案程序手冊 (project procedures manual) 的內容包括預算及成本控制系統、品保制度、營建時程、角色責任、溝通方式、安全管理、會議規劃及各類查檢表等，以及各種程序包括設計

審查、付款、變更、績效報告、成果允收、爭議解決，和各種標準表格及查檢表等等。

10.6 安全計劃執行

安全計劃執行 (safety plan execution) 是依照營建安全計劃的規定，定期執行各種營建的相關安全措施，以減少營建的傷害，改善營建的生產力，以及提高營建廠商的聲譽。比較好的做法是透過訓練，讓每一個工作人員都清楚知道安全計劃的內容，然後在營建過程，由負責工安的人員，定期監督安全計劃是否被有效落實執行，並且隨時找出任何需要補強或糾正的地方，以確保工作人員的安全。圖 10.8 為安全計劃執行的方法。

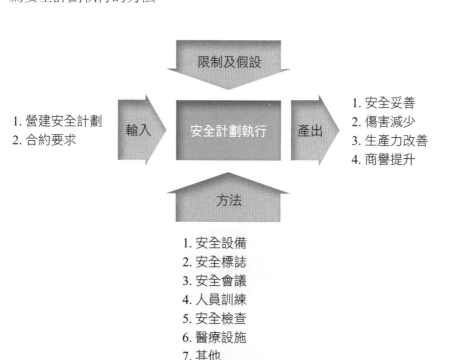

圖 10.8　**安全計劃執行方法**

輸入	1. 營建安全計劃：詳細請參閱〈安全規劃〉。 2. 合約要求：業主對營建安全處理的要求。
方法	1. 安全設備：工作人員的安全裝備，例如面具、口罩、頭盔、安全鞋、安全服等，以及安全設備，例如安全網、警鈴、滅火器等。 2. 安全標誌：包括各種警告標示，例如高壓電、安全高度、逃生路線等等。 3. 安全會議：定期召開有關營建安全的會議，以確保所有有關安全的議題都被關注和處理。 4. 人員訓練：針對營建整體和個別項目的特性，進行必要的人員訓練。 5. 安全檢查：工安人員要每天檢查安全措施是否符合營建安全計劃的規定，包商高層也應定期進行營建安全的稽核。 6. 醫療設施：協調營建場地附近的醫院或診所，在安全事故發生時可以提供緊急醫療協助。 7. 其他：其他適用的任何方法。
限制及假設	
產出	1. 安全妥善：有關營建安全的所有措施都妥善處理。 2. 傷害減少：因為依照安全計劃進行安全處理之後，降低了工作人員的受傷比率。 3. 生產力改善：營建安全事故減少，相對的可以把所有心力花在營建工程上面，生產力自然可以大幅改善。 4. 商譽提升：包商的安全記錄良好，會累積他的聲譽，提高業主、下包商及工作人員往後合作的意願。

10.7 工程施工

工程施工 (construction) 是指按照營建管理計劃的內容，在適當的地點，依據預定的工作流程，運用各種營建工法進行工程施工的過程。有安全顧慮的營建施工項目，例如大型機具的移動和高壓電纜的送電，應該制定相關的工作授權系統，以避免工安事件的發生。相反的，一般性的工作只須依照規定的工作流程執行即可。此外，為了有效的溝通和工作的順暢，施工期間應該定期召開工作會議，以便即時解決施工過程的問題。圖 10.9 為工程施工的方法。

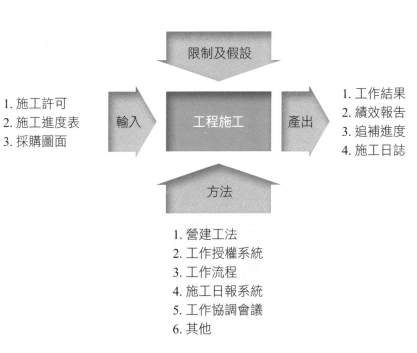

限制及假設

1. 施工許可
2. 施工進度表
3. 採購圖面

輸入

工程施工

產出

1. 工作結果
2. 績效報告
3. 追補進度
4. 施工日誌

方法

1. 營建工法
2. 工作授權系統
3. 工作流程
4. 施工日報系統
5. 工作協調會議
6. 其他

圖 10.9 工程施工方法

輸入	1. 施工許可：詳細請參閱〈施工規劃〉。 2. 施工進度表：詳細請參閱〈施工規劃〉。 3. 採購圖面：詳細請參閱〈採購文件〉。
方法	1. 營建工法：依照營建工程的特性及需求，應用各種的營建施工方法完成工作。 2. 工作授權系統；透過工作授權系統 (work authorization system) 來管理和控制哪些工作在什麼時候可以開始執行，尤其是有安全考量的工作。 3. 工作流程；依據組織既有的行政管理流程執行工作。 4. 施工日報系統：每天製作施工日報，來管制現場施工狀況。 5. 工作協調會議：營建經理應該定期召開工作會議 (job meetings)，參加者包含有承包商、下包商、業主、建築師等。會議內容應該包括工作問題、工程變更狀況、安全、人員及機器狀況和專案成本現況。 6. 其他：其他適用的任何方法。
限制及假設	
產出	1. 工作結果：每個營建施工階段所產出的工作結果。 2. 績效報告：將工作結果透過各種報表，轉成容易分析工程績效的績效報告。 3. 追補進度：追補進度 (recovery schedule) 是指需要追趕回來的落後進度。 4. 施工日誌：營建專案管理團隊應該每天製作施工日誌，以記錄營建包商的施工進度。

10.8 績效監控

績效監控 (performance monitoring and control) 是在營建工程執行的過程，定期監督實際績效和計劃績效的差距，如果有任何一方提出工程變更，再對這些變更進行審查和核准的動作。營建績效監控的重點包括營建的範圍、品質、成本和進度，其中範圍和品質稱為產品績效，成本和進度稱為管理績效，範圍績效是指應該執行的工作有沒有做完，品質績效是指執行完畢的工作有沒有做好，管理績效則是指做完和做好的事情花了多少時間和成本。圖 10.10 為績效監控的方法。

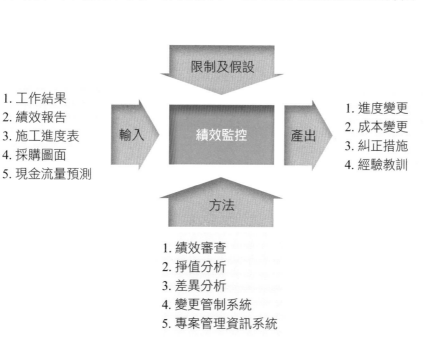

限制及假設

1. 工作結果
2. 績效報告
3. 施工進度表
4. 採購圖面
5. 現金流量預測

輸入　績效監控　產出

1. 進度變更
2. 成本變更
3. 糾正措施
4. 經驗教訓

方法

1. 績效審查
2. 掙值分析
3. 差異分析
4. 變更管制系統
5. 專案管理資訊系統

圖 10.10　績效監控方法

輸入	1. 工作結果：詳細請參閱〈工程施工〉。 2. 績效報告：詳細請參閱〈工程施工〉。 3. 施工進度表：詳細請參閱〈施工規劃〉。 4. 採購圖面：詳細請參閱〈採購文件〉。 5. 現金流量預測：預測未來的現金流量。
方法	1. 績效審查：績效審查是專案績效最直接的監督方式，通常以會議方式進行，由相關活動的負責人報告，並邀請相關的專案關係人列席詢答。 2. 掙值分析：利用計畫值、掙值和實際值之間的關係，來發掘專案的執行績效。 3. 差異分析：分析專案的實際工作結果，和專案基準之間的差異，分析內容包括進度、成本、範圍、品質和風險等方面。 4. 變更管制系統：包括成本變更管制委員會、金額大小的核准層級、核准的程序、使用的標準表單、以及如何追蹤變更是否落實等。 5. 專案管理資訊系統：利用電腦化的系統來提高管理效率。
限制及假設	
產出	1. 進度變更：經過核准的進度變更要求。 2. 成本變更：經過核准的成本變更要求。 3. 糾正措施：如何將導致變更的問題糾正回到原定的計劃。 4. 經驗教訓：將績效監督、變更要求及糾正措施制定的經驗及教訓保留下來，以利未來的參考。

10.9 資源管理

資源管理 (resources management) 的目的是在營建過程將有限的資源做最有效率的利用。營建工程專案所需要用到的資源有四種：(1) 人力 (manpower)；(2) 機器 (machines)；(3) 材料 (materials)；(4) 資金 (money)。資金已在〈財務規劃〉一節說明，因此本節主要說明人力、機器及材料的管理。

人力的管理不外乎以訓練加上激勵來提升生產力。營建材料的管理包括三大類：(1) 大型物料：木材、水管、電線等；(2) 標準物料：鋼板、水泥、馬達、燈具等；(3) 專用物料：鋼材、特殊門窗等。營建機器則可分為兩種：(1) 移動物料機器及 (2) 處理物料機器。圖 10.11 為資源管理的方法。

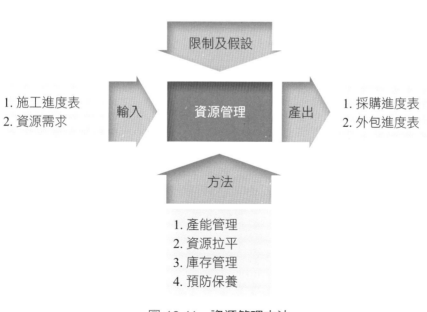

圖 10.11　資源管理方法

輸入	1. 施工進度表：詳細請參閱〈施工規劃〉。 2. 資源需求：執行營建專案所需要的資源，可以用資源直方圖呈現。
方法	1. 產能管理：以極大化生產力的方式管理資源。 2. 資源拉平：調整工作執行的順序來消除資源供需的不平衡。 3. 庫存管理：管理營建專案所需物料的庫存量，以便及時供應。 4. 預防保養：做好設備的預防保養，可以維持設備的性能穩定度。
限制及假設	
產出	1. 採購進度表：滿足資源需求的情況下，營建物品的採購時程。 2. 外包進度表：滿足專案進度的情況下，營建工作的外包時程。

10.10 文件管理

文件管理 (document management) 的目的是在營建專案的整個過程，管理相關文件的製作、變更、審查、發送及儲存，以利營建工程的順利進行。包括合約、工程圖面、規格、外包合同、保險、會議記錄、工作日誌、週報表、月報表、工程進度、工程變更、請款及付款、來往書信、訂單、材料庫存、品管報告、發票、成本報告、事故報告、未完工清單及索賠說明等等。圖 10.12 為文件管理的方法。

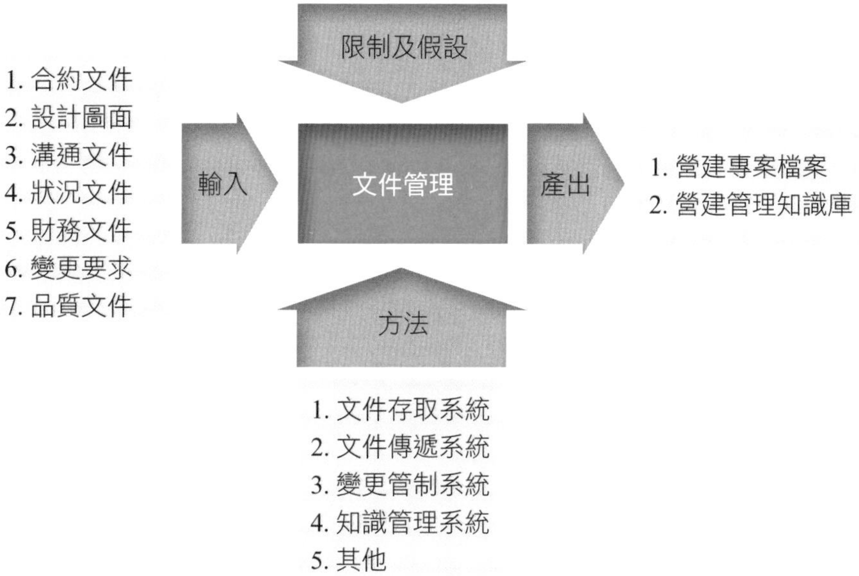

限制及假設

1. 合約文件
2. 設計圖面
3. 溝通文件
4. 狀況文件
5. 財務文件
6. 變更要求
7. 品質文件

輸入 　文件管理 　產出

1. 營建專案檔案
2. 營建管理知識庫

方法

1. 文件存取系統
2. 文件傳遞系統
3. 變更管制系統
4. 知識管理系統
5. 其他

圖 10.12　文件管理方法

輸入	1. 合約文件：和合約有關的所有文件，包括希望延長完工日期的索求等。 2. 設計圖面：和營建工程有關的設計圖面，包括規格及工程圖等。 3. 溝通文件：營建過程的溝通記錄，包括送審文件 (submittals)、書信、電子郵件、會議記錄、備忘錄、資料要求 (RFI, request for information) 等等。 4. 狀況文件：和營建專案有關的文件，包括成本績效、進度績效、品質績效和範圍績效。 5. 財務文件：有關營建採購的各類發票、請款文件等。 6. 變更要求：在營建各階段由業主或包商所提出的變更要求。 7. 品質文件：和施工品質有關的所有文件。

方法	1. 文件存取系統：營建專案所有相關文件的存入和取出系統，包括檔案及電腦系統。 2. 文件傳遞系統：在營建工程各階段，將文件分發給相關人員的傳遞系統。 3. 變更管制系統：管理營建專案相關文件的變更、核准、記錄及追蹤的處理系統。 4. 知識管理系統：能夠擷取、分類、儲存、傳遞和再利用營建管理最佳實務的管理系統。 5. 其他：其他適用的任何方法。
限制及假設	
產出	1. 營建專案檔案：和營建專案有關的完整檔案。 2. 營建管理知識庫：儲存營建專案管理最佳實務的知識庫。

10.11 環境保證

環境保證 (environmental assurance) 是指實施各種環境保護的活動，以確保營建專案可以滿足相關的環保法規和產業標準，它必須在整個營建專案的過程全程實施。此外，環境的保證必須符合所有關係人的期望和要求，不管這些關係人是直接或間接的受到影響。總而言之，以保護地球的角度處理環保問題是做好營建環境保證的主要關鍵。圖 10.13 為環境保證的方法。

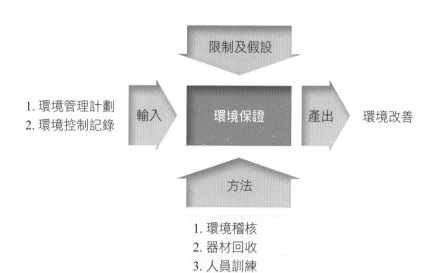

1. 環境管理計劃
2. 環境控制記錄

輸入 → 環境保證 → 產出 → 環境改善

限制及假設

方法

1. 環境稽核
2. 器材回收
3. 人員訓練
4. 其他

圖 10.13　環境保證方法

輸入	1.環境管理計劃：詳細請參閱〈環境規劃〉。 2.環境控制記錄：有關營建工地以及周遭環境的記錄。
方法	1.環境稽核：稽核環境管理活動的落實程度，以及找出可以進一步改善和加強的環境保護工作。環境稽核可以是定期或是不定期，由內部或外部人員執行。 2.器材回收：回收使用營建的器具和材料，以減少能源的浪費，例如鷹架、污水等。 3.人員訓練：所有營建工作人員接受有關環境保護政策和環境保護計劃的相關訓練。 4.其他：其他適用的任何方法。
限制及假設	

| 產出 | 環境改善：營建工地和周遭環境的改善，包括採用比較好的施工方式，降低對環境的破壞，以及提高環境保護的意識之後，工作人員更小心的進行施工。 |

10.12 環境控制

　　環境控制 (environmental control) 的目的是監控營建專案的特定產出結果，是否符合相關環保法規和標準的要求，並且設法找出方法，以消除引起不良環境影響的原因。環境控制必須隨著營建專案的進展全程實施，才能即時發現問題和解決問題。不過，因為環境受損之後的處理成本往往代價非常高，因此預防重於矯正的觀念，必須深植於每個營建工作人員的意識當中，也就是避免環境污染問題，才是營建專案的最高目標。圖 10.14 為環境控制的方法。

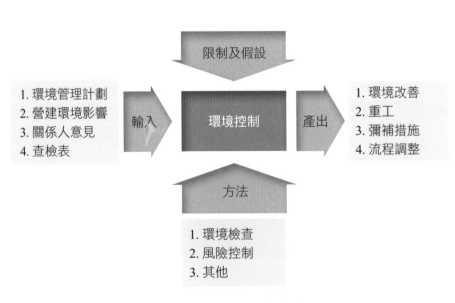

圖 10.14　環境控制方法

輸入	1. 環境管理計劃：詳細請參閱〈環境規劃〉。 2. 營建環境影響：因為營建施工對環境所造成的影響 (impact)。 3. 關係人意見：被營建工程所影響到的所有環境關係人的意見回饋，例如社區的抱怨、政府的罰單、客戶的信函，以及各種協調會議的記錄等。 4. 查檢表：用來進行環境管理的查檢表。
方法	1. 環境檢查：檢查營建施工的環境，使用方法包括勘查、管制圖、流程圖、柏拉圖、統計抽樣及趨勢分析等等。 2. 風險控制：採取措施來消除營建所造成的環境影響。 3. 其他：其他適用的任何方法。
限制及假設	
產出	1. 環境改善：詳細請參閱〈環境保證〉。 2. 重工：重新執行環境保護的活動以消除營建對環境的影響或傷害。 3. 彌補措施：進行一些可以恢復環境的活動，例如漏油後的補救措施。 4. 流程調整：調整環境管理的流程，以消除影響環境的原因並且改善環境的狀況。

10.13 索賠預防

索賠預防 (claims prevention) 的目的是在索賠發生之前，應用一些方法來避免索賠的發生。例如：實際可行的營建目標、制定明確清楚的合約、詳細分析營建的施工性、詳細分析進度的合理性以及和包商結盟等等。圖 10.15 為索賠預防的方法。

限制及假設

輸入	索賠預防	產出
1. 營建安全計劃 2. 合約條款 3. 風險管理計劃		1. 工程變更 2. 索賠消除

方法

1. 合約用詞清晰
2. 施工性分析
3. 進度合理性分析
4. 資料要求流程
5. 結盟
6. 爭議審查委員會
7. 文件管理
8. 其他

圖 10.15　索賠預防方法

輸入	1. 營建安全計劃：詳細請參閱〈安全規劃〉。 2. 合約條款：有可能引起索賠的合約條款。 3. 風險管理計劃：營建專案的整體風險管理計劃。
方法	1. 合約用詞清晰：以比較清楚的用語來說明合約的範圍和規格。 2. 施工性分析：審查營建的施工性可以避免後續不必要的變更，以及因為變更所引起的索賠。 3. 進度合理性分析：分析進度的合理性、並簡化進度的複雜度。 4. 資料要求流程：資料要求 (RFI, requestfor information) 是指業主、建築師和營建商之間，核准圖面和提供

	資料的速度和期限，必須清楚合理的納入合約條款，以做為規範各方的準則。 5. 結盟：各方以結盟 (partnering) 的方式進行營建，可以加強彼此的承諾，減少索賠的發生。 6. 爭議審查委員會：大型營建專案可以設立爭議審查委員會 (DRB, dispute review board) 做為工程爭議的仲裁機構，將潛在索賠轉變成單純的工程變更。 7. 文件管理：好的文件管理方式可以很快的提出事實證明文件，避免冗長爭執導致索賠的發生。 8. 其他：其他適用的任何方法。
限制及假設	
產出	1. 工程變更：索賠或工期延長要求被轉變成工程變更。 2. 索賠消除：所有可能的索賠因為被轉成工程變更而消弭於無形。

10.14 索賠解決

　　索賠解決 (claims resolution) 的目的是進行一系列的動作來解決索賠的爭議，尤其當業主和包商對索賠的成本和時程有不同認知的時候。索賠的過程越冗長，對營建專案的成功越有傷害性，因此，索賠最好能夠在越低的組織層級就處理完畢。如果協商不成，索賠就會進入談判、調停、仲裁，最後不得已，只好進入訴訟程序。圖 10.16 為索賠解決的方法。

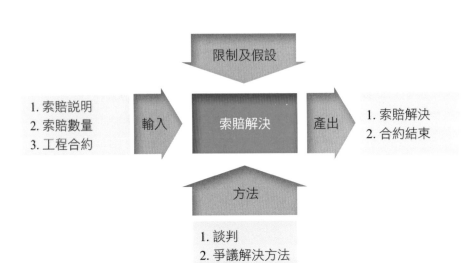

限制及假設

1. 索賠說明
2. 索賠數量
3. 工程合約

輸入

索賠解決

產出

1. 索賠解決
2. 合約結束

方法

1. 談判
2. 爭議解決方法
3. 訴訟
4. 解決成本估計
5. 其他

圖 10.16　索賠解決方法

輸入	1. 索賠說明：詳細請參閱〈索賠辨識〉。 2. 索賠數量：詳細請參閱〈索賠量化〉。 3. 工程合約：詳細請參閱〈決標〉。
方法	1. 談判：透過談判解決索賠問題。 2. 爭議解決方法：透過其他的方式 (ADR, alternate disputes resolution) 解決索賠問題，包括調停 (mediation) 以及仲裁 (arbitration) 等。 3. 訴訟：如果前述方法都無法解決爭議時，最後就必須透過冗長的訴訟 (litigation) 方式處理。 4. 解決成本估計：估計各種爭議處理方式所需要的成本，以便找出最佳的方案。 5. 其他：其他適用的任何方法。
限制及假設	

產出	1. 索賠解決：經由適當的方式解決工程的索賠爭議。
	2. 合約結束：如果工程結束階段的索賠解決了，就可以進行合約結束。

10.15 財務控制

　　財務控制 (financial control) 的目的是定期稽核營建專案的財務狀況，透過會計和財務系統分析現金流量，並且在適當的時間採取必要的財務措施，以提高營建專案的財務穩建度。圖 10.17 為財務控制的方法。

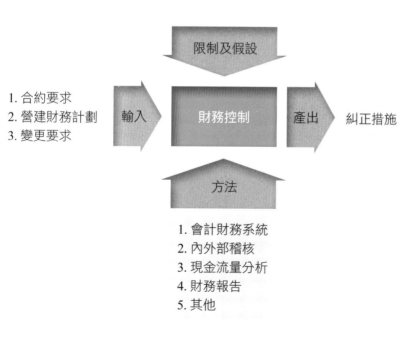

圖 10.17　**財務控制方法**

輸入	1. 合約要求：包括付款幣別、頭期款、履約保證等的合約條款。 2. 營建財務計劃：詳細請參閱〈財務規劃〉。 3. 變更要求：任何會影響營建現金流量的變更要求。
方法	1. 會計財務系統：可以監督和控制花費及收入，並且比對預算和現金流量的財務系統。 2. 內外部稽核：利用內部或外部，定期或不定期的財務稽核，找出任何財務上的問題。 3. 現金流量分析：定期更新實際花費及成本資訊，以便分析和預測現金流量的趨勢。 4. 財務報告：定期舉行有關營建財務的檢討會議，並製作相關的財務報表，以了解專案的財務狀況。 5. 其他：其他適用的任何方法。
限制及假設	
產出	糾正措施：依據專案的財務狀況，擬定必要的行動方案，矯正和預定的營建財務計劃之間的偏差，包括預算的調整和核准。

Chapter 11

營建結束

　　營建結束是指營建專案接近結束的階段，主要工作有二：(1) 完成工地必須執行的所有工作，並且經過驗收通過；(2) 結束營建專案，包括整理各種文件、財務、營建記錄、操作手冊以及使用執照等，此外，還需要完成業主的訓練、營運相關資訊和維修件的準備等等。營建結束階段如圖 11.1 所示，而營建結束階段的主要工作事項包括 (如圖 11.2)：

圖 11.1　營建結束階段

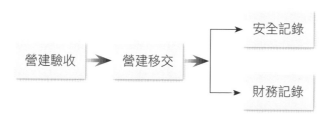

圖 11.2　營建結束階段步驟

1. 營建驗收。
2. 營建移交。
3. 安全記錄。
4. 財務記錄。

11.1 營建驗收

　　營建驗收 (construction inspection and testing) 的目的是測試營建物是否符合業主的目標和需求，包括營建工程應該施工的範圍和施工的品質，並且在正常使用的環境下，檢驗營建物的整體表現，包括機械和電控系統是否能正常運作，它是營建專案完工前的一個必要的步驟。檢驗內容通常包括空調系統、火災偵測系統、馬達運轉、保全系統、電梯及通訊系統等等。圖 11.3 為營建驗收的方法。

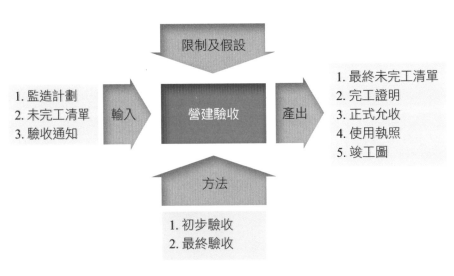

圖 11.3　營建驗收方法

輸入	1. 監造計劃：詳細請參閱〈細部設計〉。
	2. 未完工清單：未完工清單 (punch list) 是承包商在業主驗收之前，對下包商所做的檢驗，目的是找出品質不良、數量不符或是有待完成的工作清單，包商檢驗完成這些工作之後，就會發出驗收通知給業主，以進行營建專案的總驗收。未完工清單又稱為修補清單 (snagging list) 或驗收清單 (inspection list)。未完工清單應該列出地點並逐項說明負責人、處理方式及完工日期，再交給負責人或下包商進行修護。
	3. 驗收通知：由包商發出驗收通知 (notice for final inspection) 給業主，表明營建工作成果可以讓業主進行最終的驗收和檢查。
方法	1. 初步驗收：初步驗收 (pre-final inspection) 是業主會同營建管理團隊、包商、建築師等，進行營建物的初步檢驗，視營建專案大小，有時可能需要花費好幾天的時間。如果有任何工作項目沒有驗收通過，則列入最終未完工清單 (final punch list) 當中，留待最終驗收 (final inspection) 的時候再次檢驗。
	2. 最終驗收：當包商認為所有最終未完成清單上面的事項都處理完畢之後，就可以通知業主進行最終驗收 (final inspection)。因為只是針對未完成事項進行檢驗，因此不需要花很長的時間。如果所有工作都驗收通過，則營建經理向業主建議進行營建成果的正式允收，對包商發出完工證明。
限制及假設	
產出	1. 最終未完工清單：最終未完工清單 (final punch list) 是指業主對包商進行初步驗收時，所確認出來的不

符合事項，通常會將所有待修補項目列成一個清單，並註明版本及日期。

2. 完工證明：完工證明 (certificate of completion) 是由包商發給業主的正式完工書面證明。

3. 正式允收：正式允收 (final acceptance) 是指對包商營建成果的正式接受。

4. 使用執照：建物使用 (beneficial occupancy) 是指在包商完成全部或部份未完工項目之後，業主因為營運上的需要，必須開始使用營建物。它是由營建經理所發出的可以使用的建議，或是經過檢查通過，包括消防、電梯、殘障設施等、由政府所發出的使用執照 (certificate of occupancy)。

5. 竣工圖：竣工圖 (record drawings/as built drawings) 是指經過修正而且納入所有工程變更，和實體建物完成符合，正確無誤的工程圖面。

11.2 營建移交

營建移交 (construction commissioning) 是包商在營建專案驗收通過之後，將營建物及相關文件交給業主的過程，包括操作手冊、維修手冊、鑰匙、使用執照、所有建物相關圖面等等。同時也要依照合約的要求，對業主的人員進行必要的訓練。最後還要對工地及建築物進行徹底的整理和清洗。如果建築物還沒有完全通過驗收，但是業主急於使用時，也可以進行分段的移交。圖 11.4 為營建移交的方法。

1. 操作維修手冊
2. 建物鑰匙
3. 付款證明
4. 完工證明
5. 使用執照
6. 竣工圖

限制及假設

輸入　營建移交　產出

1. 保固期限
2. 業主回饋
3. 品質系統評估
4. 結案報告
5. 人員解散

方法

1. 工地清理
2. 人員訓練
3. 業主簽收
4. 其他

圖 11.4 營建移交方法

輸入	1. 操作維修手冊：有關建物設備及系統的操作維修手冊 (operation and maintenance manuals)，例如馬達、風扇、暖氣、通訊系統等等。

2. 建物鑰匙：建築物的營建專案在完工之前，通常會因為安全因素設置門窗鑰匙，並且為了施工方便，由包商持有和保管，在正式移交時，應該將相關鑰匙交回業主。

3. 付款證明：付款證明 (final certificate of payment) 是業主對包商付清所有工程款項的證明，包括提早完工的獎勵和延遲完工的罰款，以及履約保證金等，而最後的應付款項是合約總價減去先前付款的總和。

4. 完工證明：詳細請參閱〈營建驗收〉。

5. 使用執照：詳細請參閱〈營建驗收〉。

	6. 竣工圖：詳細請參閱〈營建驗收〉。
方法	1. 工地清理：營建工地的澈底清理，包括牆壁和天花板的洗滌、外牆、窗戶及任何沾染灰塵和油脂的建物表面的清洗等等。另外，各種臨時搭建物的移除，包括圍籬、水電、辦公室、儲藏室，多餘材料、廢棄物，以及既有道路及設施的清洗和回復。
	2. 人員訓練：對業主的接收人員進行各種訓練，包括營運方式、使用方式、操作方式和維修重點等。
	3. 業主簽收：業主對營建專案的正式簽收。
	4. 其他：其他適用的任何方法。
限制及假設	
產出	1. 保固期限：包商對營建物使用之後，發生問題的負責修護期限，稱為損害責任期限 (defects liability period) 或維修期 (maintenance period)。
	2. 業主回饋：業主提供專案評估報告給包商和建築師，或是包商主動尋求業主對營造工程的績效意見回饋，以做為包商的未來改進和合作機會。
	3. 品質系統評估：包商評估和改進其營建品質管理系統的報告。
	4. 結案報告：包商對整個營建專案的結案報告，特別是做得不錯和有待改善的部份，包括人員管理、營建方法、工地溝通、安全事項、下包績效、財務控制、進度控制、與業主和建築師的溝通以及專案品質等等。
	5. 人員解散：因為營建產業的特性，同一批人員在未來再次共同完成另一個營建專案的機會很小，因此多數人會在營建結束後被解散。

11.3 安全記錄

安全記錄 (safety records) 是進行營建安全的記錄保存和報表製作，目的是滿足政府法令的規定、以及合約和保險公司的要求，同時也做為安全績效的追溯和未來營建專案改善安全績效的參考。圖 11.5 為安全記錄的方法。

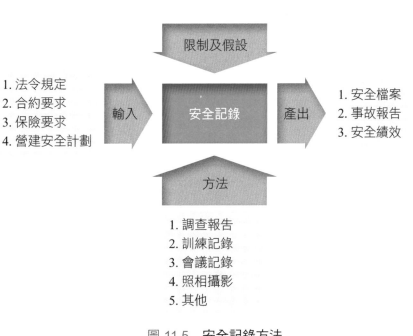

圖 11.5 **安全記錄方法**

輸入	1. 法令規定：依據法令的規定，記錄和報告營建事故、人員受傷和工作時數等資料。
	2. 合約要求：依照合約的要求，記錄和報告事故及人員受傷等資料。
	3. 保險要求：保險公司理賠時必須提供的相關資料。

	4. 營建安全計劃：依據營建安全計劃的規定製作相關的報告，例如人員體檢資料，詳細請參閱〈安全規劃〉。
方法	1. 調查報告：所有營建安全事故都必須調查清楚以避免再度發生，包括事件原因和結果，所造成的財務及器材傷害，以及人員受傷狀況等。
	2. 訓練記錄：有關安全的人員訓練記錄。
	3. 會議記錄：和安全議題有關的會議記錄，包括討論主題、日期和參加人員。
	4. 照相攝影：將營建安全事故相關地點及情形以攝影或照相的方式留存，以利後續的參考或訴訟的需要。
	5. 其他：其他適用的任何方法。
限制及假設	
產出	1. 安全檔案：包括營建安全規劃、事故以及處理過程的完整安全檔案。
	2. 事故報告：有關營建安全事故的完整書面報告。
	3. 安全績效：營建安全的目標達成狀況。

11.4 財務記錄

財務記錄 (financial records) 的目的是整理和歸檔營建專案的所有財務資料和相關文件，包括所有的物料採購和外包的付款記錄、人事費用、銀行貸款等等，以應付日後的財務稽核，並做為未來其他營建專案團隊的參考。圖 11.6 為財務記錄的方法。

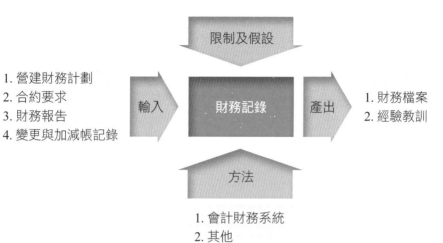

1. 營建財務計劃
2. 合約要求
3. 財務報告
4. 變更與加減帳記錄

輸入　財務記錄　產出

1. 財務檔案
2. 經驗教訓

限制及假設

方法

1. 會計財務系統
2. 其他

圖 11.6　財務記錄方法

輸入	1. 營建財務計劃：詳細請參閱〈財務規劃〉。 2. 合約要求：有關於付款、履約保證、營業稅等的合約條款。 3. 財務報告：詳細請參閱〈財務控制〉。 4. 變更與加減帳記錄：營建工程變更所造成的成本增減記錄。
方法	1. 會計財務系統：詳細請參閱〈財務控制〉。 2. 其他：其他適用的任何方法。
限制及假設	
產出	1. 財務檔案：完整的營建專案財務檔案，可以是書面或電子檔方式，能否簡單清楚的查閱相關資料是財務檔案的重點。 2. 經驗教訓：有關營建財務管理的經驗及教訓，可以做為後續專案的參考。

營建管理專有名詞

Agency CM（顧問式營建管理）
營建經理以顧問方式提供意見，業主另行外包設計和建造的營建模式。

Approved Bidders List（合格標商名錄）
事先篩選過的符合資格可以參與投標的廠商名冊。

Approved Changes（核准的變更）
合約中規定必須經過核准程序的變更經過雙方核准同意。

As-Built Drawings（竣工圖）
經過修正而且納入所有工程變更，和實體建物完成符合，正確無誤的工程圖面，又稱為記錄圖面（Record Drawings）。

At-Risk CM（全責式營建管理）
營建經理在設計階段的角色是業主的顧問，在施工階段則是變成營造包商。全責模式可以擺脫傳統設計和施工分開的介面溝通協調問題，逐漸在營建產業被廣泛接受。另外，全責模式通常和保證最高價合約一起使用。

Beneficial Occupancy（建物使用）
業主在營建完工前的使用建物。

Bid（發包）
依照議定價格完成合約工作的工程投標。

Bid Bond（押標金）
包商為了保證可以依照合約完成工作，暫時質壓在業主的抵押金。

Bid Documents（發包文件）
由業主發給包商，說明工作項目和合約條款的文件，一般包括圖面、規格、合約一般條約、特殊條款、補充條款、建議書及標單等等。

Biddability（發包性）
發包文件可以讓投標廠商擬定具有競爭力的價格，來完成合約工作的可能性。

Biddability Review（發包性審查）
依照當地的營建產業和業主發包策略，審查合約文件、附錄及其他參考文件，以消除任何混淆、錯誤、遺漏和牴觸的現象，以期在採購階段降低發包價格，在營造階段減少爭議的作為。

Bonus（獎金）
業主付給包商的額外金額，以獎勵他們以超過合約要求的績效方式完成合約工作。

Budget（預算）
業主投入在專案的金額和時間。

Budget Estimate（預算估計）
根據初步的資料，以某種精確的程度，估計工作所需預算。

Change Order（變更通知單）
書面的合約內容變動單，包括合約相關文件的增加、刪除、修正、以及會影響到的工作成本和時間。

Claim（索賠）
依照合約條款，由業主或包商向另一方所提出的正式補償要求。

CM Fee（營建管理費）
業主付給營建管理方的服務費用。

Commissioning（移交）
完成建物的測試、檢驗和啟用過程。

Constructibility Reviews（施工性審查）
審查合約文件可以發包和管理的清楚度、一致性和完整性，來判斷營建主體可以被建造完成並達成專案目標的可能性。

Construction Management（營建管理）
從營建開始到營建完成，應用管理技術在營建專案的規劃、設計和施工，
以控制營建時程、成本和品質的專業服務。

Construction Manager（營建經理）
一個作為業主代理人的專業營建管理者，透過他的專業協助管理營建專案
的規劃、設計和建造，以確保最佳的營建專案成果。

Contingency（準備金）
為了應付未知的可能變更，由業主所預留的備用金。

Critical Date Schedule（關鍵進度）
專案進行過程的重要里程碑排程。

Deficient Work（不符合工作）
完成工作的不完整、數量不夠或品質不良。

Design-Build（設計－施工）
業主和一個組織簽訂合約，由他們同時負責設計和建造。主要優點是責任
統一、品質提高、時程縮短、介面減少、降低風險、簡化管理等。

Designer（設計師）
執行營建設計和訂定營建規範的專業組織或個人，它可以是建築師
（architect）、工程師（engineer），或是兩者的綜合。

Direct Costs（直接成本）
營建的直接費用包括工人、材料、設備、包商等等。

Drawings（圖面）
呈現建物的關係、外形和尺寸的圖形。

Estimated Cost to Complete（預估未完工成本）
專案某一時點的未完成工作的預估成本。

Estimated Final Cost（預估完工總成本）
營建專案完成時的預估總成本，它是目前花費和預估未完工成本的總和。

Fast Track（快速施工／捷徑施工）
將營建的設計劃分成幾個階段，以便允許設計還沒有全部完成之前，就提早進入施工階段。

Field Order（現場通知單）
業主在工地所發給包商的通知單，目的在要求包商進行合約沒有包括的工作項目，通常是很小的變更，不會牽涉到成本和時間的變更，它可以是或不是變更通知單的一部份。

Final Completion（最終完工）
所有營建合約條款都符合的時間點。

General Conditions（一般條款）
說明專案如何管理的合約一般條款，例如提供保險、設置工地辦公室等等事項。

Guarantee（保證）
由第三方所提供的針對專案績效、產品或工作品質和數量，出現問題時的補償保證。

Guaranteed Maximum Price Construction Management（保證最高價）
業主以一個最高價格做為營建合約的總價，而且雙方都認知未來的實際成本有可能比這個價格低，因此業主可以配合獎勵條款，來提高包商節約成本的動機。

Life Cycle Cost（生命週期成本）
設施或系統在期望壽命內的所有成本的現值，包括規劃、設計、營造、運作、維修和報廢成本。

Liquidated Damages（延遲賠償金）
包商沒有依照合約規定的進度，延遲完成工作所必須付給業主的違約金，通常以天為計算單位。

Long-Lead Items（長週期物品）
因為採購週期比較長，必須提早進行採購作業的材料或設備。

Master Schedule（綱要時程）
顯示專案主要工作的進度和工時的高階進度時程表，可以用網路圖、里程碑圖或甘特圖表示。

Milestone Schedule（里程碑進度）
專案進行過程的重要里程碑排程。

Multiple Prime Contracts（多包商合約）
業主本身沒有營建人員編制，同時和幾個包商簽訂合約，也沒有聘請一個包商來和所有包商簽訂合約。但是可能有營建經理協助並提供意見。

Non-Conforming Work（現場施工未符合工作）
完成的工作不符合合約的要求。

Notice of Award（得標通知）
通知個人或組織得標或取得合約的正式文件。

Notice to Proceed（開工通知）
在專案生命週期的某一時間點，授權個人或組織開工的正式通知文件，它代表採購階段的結束。

Owner Construction Management（業主營建管理）
業主利用自己的員工進行營建管理，沒有聘請其他組織協助。

Owner's Representative（業主代表）
代表業主的專案人員。

Penalty（罰款）
違反合約規定的處罰性措施。

Performance Bond（履約保證金）
保證包商履行合約之用，包商如果違反合約、達不到合約規定或不履行合約時，作為違約金之賠償用。

Phased Construction（階段式營建）

將營建專案分割成好幾個不同的部份，每個部份都經過設計、採購和建造的過程，也就是某個部份進行設計的時候，另一個部份正在採購或施工當中。階段式營建類似快速施工法（fast tracking），因此可以縮短營建專案的時程。

Prime Contract（主合約）

和一個業主的直接合約，依照工作劃分，可以是一個合約或是好幾個合約。

Prime Contractor（主合約商）

和一個業主直接簽約的包商。

Progress Meeting（進度會議）

在專案進行過程的任何階段，有關專案進度的會議。

Progress Payment（進度付款）

業主根據營建經理的進度完成確認，定期付給包商的款項。

Project Budget（專案預算）

涵蓋專案所有成本的目標總金額，包括土地、營造、法規、專業服務、利息成本以及其他所有相關費用。

Project Cost（專案成本）

整個專案的實際成本。

Project Management（專案管理）

在營建專案過程，所使用的完整管理制度和程序。

Project Procedures Manual（專案程序手冊）

定義專案成員職務、責任、專案制度和執行程序的詳細說明文件。

Project Team（專案團隊）

營建專案團隊包括業主、設計師、營建經理、包商等。

Project Team Meeting（專案成員會議）

由專案成員參加的有關專案所有層面的會議。

Punch List（未完工清單／缺失表）

包商在業主驗收之前，對下包商所做的檢驗，目的是找出品質不良、數量不符或是有待完成的工作清單，包商檢驗完成這些工作之後，就會發出驗收通知給業主，以進行營建專案的總驗收。未完工清單又稱為修補清單（snagging list）或驗收清單（inspection list）。未完工清單應該列出地點並逐項說明負責人、處理方式及完工日期，再交給負責人或下包商進行修護。

Quality（品質）

專案工作滿足計劃、規格、標準的程度。

Quality Assurance（QA）（品質保證）

確認品質控制程序被有效落實執行的系統化方法。

Quality Control（QC）（品質控制）

持續性的審查、認證、檢驗和測試專案人員、系統、材料、文件和技術，以確認工作或產品符合預定的計畫、規格和標準。

Quality Management（品質管理）

規劃、組織、執行和監督有關專案資源和活動的政策和程序，以達成預定的品質目標。

Record Drawings（竣工圖）

經過修正而且納入所有工程變更，和實體建物完成符合，正確無誤的工程圖面，又稱為記錄圖面（Record Drawings）。

Recovery Schedule（追補進度）

需要追趕回來的落後進度。

Request for Change Proposal（變更要求）

建議合約文件變更的說明文件，由營建經理發給包商，以便包商評估該變更對成本和進度的影響。

Schedule of Values（進度價值）
依照工作進度所付給包商的款項，包括人工及材料。

Scope（範圍）
專案或合約的所有需求的總和。

Scope Changes（範圍變更）
營建專案需求的增加或減少。

Shop Drawings（廠樣圖）
包商依照合約文件所準備的圖面，說明包商規劃如何進行營建工程，來滿
足設計意圖和合約要求。

Short Term Construction Activity Plan（短期施工計劃）
主包商針對短期施工所做的規劃和排程，通常是以星期為單位的里程
碑時程。又稱為滾浪排程（Rolling Schedule）、前瞻排程（Look Ahead
Schedule） 或短期排程（Short Interval Schedule）。

Special Conditions（特殊條款）
又稱為補充一般條款。

Special Professionals（特殊專家）
依照特殊工地所搭配的專家，包括工程師、建築師、設計師及其他專家。

Specifications（規格）
有關營建工程所需要的材料、設備、系統和工藝的詳細書面說明。

Start-Up（啟用）
在營建設施正式使用之前，業主的操作和維護人員對系統進行控制和操作
的階段。

Subcontractor（下包商）
和包商簽訂合約，協助承包商執行某部份營建工作的組織。

Submittals（送審文件）
依照合約要求所送審的資料。

Substantial Completion（基本完成）
當業主接受營建設施滿足其原始意圖，設計師或營建經理認可包商已經接近完工階段，即使工作尚未全部完成。

Supplementary General Conditions（補充一般條款）
發包文件或合約文件的一般條款的增加或修正。

Testing（測試）
以特定的程序驗證完成的工作是否以所要求的工藝水準達成。

Trade-Off Study（替換性分析）
替代品或設計原件更換的價值和風險的分析，包括成本和性能的比較，又稱為其他選擇分析（Alternatives Analysis）。

Value Analysis（價值分析）
又稱為價值工程。

Value Engineering（價值工程）
利用系統化和創意的方式，分析專案的產品或系統，是否能以最低的成本達成所需的功能、性能和可靠度。

Warranty（擔保）
對承擔己方責任的保證。

Work（工作）
合約中所包含的人工、材料、設備等要求。

美國專案管理學會
AMERICAN PROJECT MANAGEMENT ASSOCIATION

APMA (美國專案管理學會) 提供六種領域的專案經理證照：(1) 一般專案經理證照、(2) 研發專案經理證照、(3) 行銷專案經理證照、(4) 營建專案經理證照、(5) 經營專案經理證照、(6) 活動專案經理證照。APMA 是全球唯一提供這些證照的學會，而且一旦您通過認證，您的證照將終生有效，不需要再定期重新認證。證照認證方式為筆試，各領域的試題皆為 160 題單選題，時間為 3 小時。

哪一種證照適合您？

您可以選擇和您背景、經驗及生涯規劃最接近的證照，請參考以下的説明，選出最適合您的領域進行認證。沒有哪一個證照必須先行通過，才能申請其他證照的認證，不過先取得一般專案經理證照，有助於其他證照的認證。

❶ 一般專案經理 (Certified General Project Manager, GPM) 適合管理或希望管理一般專案以達成組織目標，或希望以專案管理為專業生涯發展的人。

❷ 研發專案經理 (Certified R&D Project Manager, RDPM) 適合管理或希望管理各種產品和服務的開發以達成組織目標的人。

❸ 行銷專案經理 (Certified Marketing Project Manager (MPM)) 適合管理或希望管理產品和服務的行銷以達成組織目標的人。

❹ 營建專案經理 (Certified Construction Project Manager (CPM)) 適合管理或希望管理營建工程專案以達成組織目標的人。

❺ 經營專案經理 (Certified Corporate Administration Project Manager (CAPM)) 適合經營或希望經營企業或事業單位以達成集團策略目標的人。

❻ 活動專案經理 (Certified Event Project Manager (EPM)) 適合管理或希望管理各種活動以達成組織目標的人。

美國專案管理學會詳細資訊，請參考 http://www.a-pma.org/

五南圖解財經商管系列

※ 最有系統的圖解財經工具書。
※ 一單元一概念，精簡扼要傳授財經必備知識。
※ 超越傳統書籍，結合實務精華理論，提升就業競爭力，與時俱進。
※ 內容完整，架構清晰，圖文並茂，容易理解，快速吸收。

圖解財務報表分析
／馬嘉應

圖解會計學
／趙敏希、
馬嘉應教授審定

圖解經濟學
／伍忠賢

圖解財務管理
／戴國良

圖解行銷學
／戴國良

圖解管理學
／戴國良

圖解企業管理(MBA學)
／戴國良

圖解領導學
／戴國良

圖解品牌行銷與管理
／朱延智

圖解國貿實務
／李淑茹

圖解人力資源管理
／戴國良

圖解物流管理
／張福榮

圖解策略管理
／戴國良

圖解網路行銷
／榮泰生

圖解企劃案撰寫
／戴國良

圖解顧客滿意經營學
／戴國良

圖解企業危機管理
／朱延智

圖解作業研究
／趙元和、趙英宏、
趙敏希

國家圖書館出版品預行編目資料

營建專案管理知識體系 = Construction
project management body of knowledge/
魏秋建著. ――二版. ――臺北市：五南圖
書出版股份有限公司, 2023.01
面；　公分
ISBN 978-626-343-641-1（平裝）

1.CST: 營建管理 2.CST: 專案管理

441.529　　　　　　　　111020989

1FT8

營建專案管理知識體系

作　　者 ― 魏秋建

編輯主編 ― 侯家嵐

責任編輯 ― 侯家嵐

文字校對 ― 陳欣欣

封面設計 ― 王麗娟

出 版 者 ― 五南圖書出版股份有限公司

發 行 人 ― 楊榮川

總 經 理 ― 楊士清

總 編 輯 ― 楊秀麗

地　　址：106台北市大安區和平東路二段339號4樓

電　　話：(02)2705-5066　傳　　真：(02)2706-6100

網　　址：https://www.wunan.com.tw

電子郵件：wunan@wunan.com.tw

劃撥帳號：01068953

戶　　名：五南圖書出版股份有限公司

法律顧問　林勝安律師

出版日期　2014年1月初版一刷
　　　　　2023年1月二版一刷
　　　　　2025年1月二版二刷

定　　價　新臺幣350元

經典永恆・名著常在

五十週年的獻禮——經典名著文庫

五南，五十年了，半個世紀，人生旅程的一大半，走過來了。

思索著，邁向百年的未來歷程，能為知識界、文化學術界作些什麼？

在速食文化的生態下，有什麼值得讓人雋永品味的？

歷代經典・當今名著，經過時間的洗禮，千錘百鍊，流傳至今，光芒耀人；

不僅使我們能領悟前人的智慧，同時也增深加廣我們思考的深度與視野。

我們決心投入巨資，有計畫的系統梳選，成立「經典名著文庫」，

希望收入古今中外思想性的、充滿睿智與獨見的經典、名著。

這是一項理想性的、永續性的巨大出版工程。

不在意讀者的眾寡，只考慮它的學術價值，力求完整展現先哲思想的軌跡；

為知識界開啟一片智慧之窗，營造一座百花綻放的世界文明公園，

任君遨遊、取菁吸蜜、嘉惠學子！